먹는 단식 FMD

먹는 단식 FMD

Fasting
Mimicking
Diet

아프지 않고
오래 사는
식사 혁명

정양수
지음

taste BOOKS

차례

먹는 단식의 필요성

임재양
(외과의사, 〈제4의 식탁〉 저자)

저는 암에 걸린 많은 사람들을 만납니다. 그들에게 "병에 걸린 이유가 무엇이라고 생각하나요?"라고 물어보면 대부분 스트레스 때문이라고 합니다. 그리고 병이 낫기 위해, 병에 다시 걸리지 않기 위해 무엇을 먹으면 좋을까 궁금해합니다. 병에 걸린 생활 습관과 원인을 돌아보지 않고 좋은 것만을 찾아다니는 모습을 흔히 봅니다.

한국인에게 먹거리는 중요합니다. 큰일을 겪은 환자들이 좋은 것을 찾아다니는 것을 말릴 수는 없지만, 그래도 의사들은 좋은 것을 권하기보다 나쁜 것을 피하고 하나라도 더 비우라고 말해야 합니다. 의사들은 오랜 수련 기간을 거치며 학술적으로 증거가 확실한 치료 방법에 익숙합니다. 그 방법을 바탕으로 환자들에게 권고를 합니다. 하지만 어떤 의사들은 증거가 완벽하지는 않더라도 환자들에게 도움이 될 것 같은 치료를 시도하기도 합니다. 이 책의 저자 정양수 원장도 그중 한 명입니다.

저자는 여기서 한 발 더 나아갑니다. 그의 지적 호기심 때문이기도 하지만 행여 환자들에게 해가 되지는 않을까 정말 도움이 될까 항상 고민합니다. 서울대학교 의학연구원 보완통합의학연구소에서 학술적인 접근을 하기 위해 연구를 하고 모든 과정을 몸으로 경험하면서 장단점을 따집니다. 여러 가지 단식을 직접 해보고 좋은 방법은 환자들에게 추천해 효과를 확인하고 방송을 통해서도 좋은 식습관을 알리기 위해 힘쓰고 있습니다.

단식의 과정은 지난합니다. 힘든 단식을 끝내고 나면 대부분 만족하지만 준비하고 실행하는 과정은 그렇게 유쾌하지 않습니다. 저 또한 피곤한 몸을 조금은 비우겠다고 단식을 실행했지만 무척 힘들었습니다. 다시 해보고 싶다는 생각도 들지 않을 정도였습니다. 하지만 저자가 여러 과정을 거치면서 만든 '한국식 FMD'는 귀가 번쩍 뜨이는 방법입니다. 한국인을 위해 만든 식단을 바탕으로 해서 이해하기 쉽고 실행하기도 쉽습니다. 경험 많은 이의 추천 방법이기에 더욱 신뢰할 수도 있습니다. 〈먹는 단식 FMD〉를 통해 많은 사람들이 자신의 몸을 조금 더 비우고 건강한 식이요법을 찾는 과정을 통해 건강을 되찾는 계기가 되기를 바랍니다.

FMD를 시작하며

정양수

예전에는 맛집을 찾아다니면서 맛있는 음식을 먹는 것이 최고라고 생각했고, 맛있는 것을 먹기 위해 요리를 배웠다. 그러다 16년 전 한 의사 덕분에 의학적 관점에서 음식을 바라보게 되었다. 그는 점심시간에 남들처럼 병원 식당에서 식사를 하지 않았다. '끼니를 거르고 무엇을 하는 것일까?' 궁금한 마음에 그를 관찰하기 시작했다. 점심은 간단하게 집에서 싸온 채소와 과일을 먹었으며 식사를 하고 병원 근처 운동장을 걸었고 남들보다 한 시간 일찍 출근해서 운동을 했다. 알고 보니 그는 32세 때 당뇨병을 진단받았는데 젊은 나이에 당뇨병을 진단받고 절망감으로 죽고 싶을 정도였다고 했다. 6년 동안 당뇨병 조절을 위해서 인슐린을 사용했고, 그 뒤에는 철저한 식이조절과 운동으로 인슐린을 끊게 되었다고 했다. 당뇨병은 완치가 쉽지 않다. 식이조절을 하지 않는다면 당연히 혈당 수치가 올라간다. 다행히 그는 식이조절을 통해 약도 먹지 않고 합병증 없이 지내고 있었다. 놀라운 일이었다. 식이조절과 운동을 통해서 병을 다스릴 수 있다니!

6년 사이 나의 아버지와 장인은 각각 담낭암과 대장암으로 돌아가셨다. 두 분은 무엇 때문에 암을 앓게 된 것일까? 젊었을 때부터 이어온 생활 습관 중에 어떤 점이 잘못되었을까? 투병 과정을 지켜보면서 거꾸로 나를 돌아볼 수 있었다. 하지만 암을 극복하는 과정에서 암 환자들에게 올바른 식사 방법을 알려주는 것이 쉽지는 않았다. 치료하는 동안 잘 먹어야 된다는 조언은 너무 막연했다. 항암을 위한 식이요법은 너무 두루뭉술했던 것이다.

우리나라에서는 이제 먹을 것이 없어서 생존의 위협을 느끼는 사람이 많지 않다. 허기를 채우기 위해서 음식을 섭취할 때는 건강한 음식이 무엇인지, 언제 어떻게 먹을 것인지에 대해서 생각할 겨를이 없다. 그래서 편의점, 마트 등에서 손쉽게 식사를 해결하거나 배달 음식으로 간단히 때울 때가 많다. 배고픔을 쉽게 달랠 수 있는 방법은 도처에 널려 있다. 그렇기에 더욱 '현명한 선택'이 필요하다.

그동안 나는 단식부터 디톡스까지 다양한 방법으로 현명한 식사에 대한 실험을 했고, 2011년부터 본격적으로 식이요법에 대한 강좌와 캠프를 통한 프로그램을 진행했다. 캠프를 통해서 사람들이 변화하는 것을 보았지만 일상생활에서 생활 습관으로 자리를 잡는 좋은 방법을 찾고 있었다. 그러던 중에 접한 것이 단식 모방 다이어트(Fasting Mimicking

Diet), 즉 FMD다.

FMD는 2016년과 2017년에 노벨생리의학상을 수상한 이론과도 무관하지 않다. 2016년 노벨생리의학상의 주제는 세포의 자가포식(Autophagy) 작용이 받았다. 자가포식 작용은 세포가 자신을 이루는 구성물을 없애거나 재활용하는 과정에서 스스로 갖고 있는 물질을 어떻게 활용하는지 새로운 패러다임을 제시했다. 단식과 같은 영양결핍 상태와 스트레스 상황에서 자가포식 작용이 일어난다는 것이다. 인체는 굶는 것과 같은 상황에서 더 건강하고자 한다. 비우면 더 건강해진다는 것을 과학적으로 증명한 것이다.

2017년에는 생체리듬 이론이 노벨생리의학상의 주제였다. 아침에 일어나서 저녁까지 활동을 하고 집으로 돌아와서 잠자리에 들고 비슷한 시간에 식사를 하는 것처럼 생체리듬을 따라서 사는 생활 방식은 당연해 보인다. 그러나 많은 사람들은 활동 시간을 최대한 늘리기 위해서 휴식 시간과 수면 시간을 줄여서 공부를 하거나 일을 하는 경우가 늘고 있다. 건강 측면에서 봤을 때 이렇게 생체리듬을 깨는 것은 좋지 않다. 불규칙한 일정은 생체리듬을 교란시키고 삶의 질을 악화시켜서 건강을 해칠 수 있다.

FMD의 핵심 이론은 이 자가포식 작용과 생체리듬을 잘 이용하고 있다. 가능한 생체리듬에 맞춰서 생활하고 무리하게 단식을 하지 않으면서 자가포식 작용을 통해서 자기 기능을 하지 못하는 기관과 인체 내의 노폐물을 청소하는 것이다. 하지만 FMD에서 소개하는 식단은 우리가 쉽게 따라할 수 있는 식단이 아니다. 지중해식 식단을 기본으로 하기에 우리 조상들이 먹던 음식, 쉽게 구할 수 있는 재료가 아닌 데다가 요리도 어렵기 때문이다. 그래서 우리에게 맞는 식단을 찾게 되었다. 〈먹는 단식 FMD〉에서는 25년간 FMD를 연구한 롱고 박사의 이론을 바탕으로 한국인들이 쉽게 따라할 수 있는 방법을 제시하고자 한다.

2005년부터 '화두話頭'를 공부하고 있다. 화두를 전한 많은 선사들은 '비움', '공空'에 대해 언급했다. 중국 당나라때 선지식善智識이었던 방거사는 다음과 같은 말을 전했다.

"但願空諸所有단원공제소유언정 *切勿實諸所無*절물실제소무라(다만 모든 있는 것을 비울지언정 없는 것(비움)을 실재한다고 절대 보지 마라)."

'깨달음'을 얻기 위해서는 비움을 강조한다. 하지만 비움에 매달리는 것을 경계하면서 비움을 실재한다고 보지 말라고 강조했다. 즉, 건강을 위해서 '단식'만을 고집한다면 인체는 망가질 수도 있다. '단식'의 효과를 최대한 살리되 '단식'에 매달려서 건강을 해치는 일을 자초하지 말라고 강조하고 싶다. FMD는 단식의 효과는 최대한 살리지만 음식을 섭취할 수 있다는 것이 가장 큰 장점이기에 무리하지 않고 실천할 수 있다.

FMD를 연구, 발표한 롱고 박사는 본인이 쓴 책 〈단식 모방 다이어트The Longevity Diet〉의 인세를 전액 발터롱고재단에 기부했다. 그가 만든 재단에서는 치료가 어려운 질병을 극복하고 만성질환의 예방과 건강 수명을 늘리는 연구를 지원하고 있다. 나 또한 〈먹는 단식 FMD〉의 인세를 사회적 기업에 기부하여 많은 사람들이 건강한 식생활로 질병을 극복하는데 도움을 주고 싶다.

책이 출간되기까지 많은 분들의 도움이 있었다. 평소 건강한 식이요법에 관심이 많아서 환자들에게 알려주는 것을 마다하지 않으며 요리를 순식간에 만드는 재주까지 가진 가정의학과 임은주 원장은 바쁜 와중에도 원고를 꼼꼼하게 봐주었다. 10여 년 전부터 서울대학교 보완통합의학연구소에서 함께 호흡을 맞춰서 프로그램을 진행했던 임상영양학박사 김진영은 이 책에 실린 음식의 칼로리 및 영양을 책임감 있게 분석해주었다. 늘 티격태격하면서도 즐겁게 한솥밥을 차려 먹는 더엔케이의원 식구들은 음식을 함께 만들고 촬영하는 데 도움을 주었다.

한 달에 한 번, 다양한 영역의 공부를 함께하며 환자들에게 도움이 될 것들을 나누는 임상영양학교(이곳에서 FMD를 처음으로 접하게 되었다) 의사(홍수진, 강상훈, 김세현, 박선영, 박춘묵, 안성기, 안재민, 유성수, 윤기범, 이옥주, 이창선, 이치훈, 장용선, 장은정, 장현정, 진희연, 하태국, 홍인표)들에게 감사하다. 그리고 구본형 변화경영연구소에서 인생의 꿈을 찾는 작업을 함께하는 꿈벗들과 그 외 프로그램을 통해서 만나게 된 많은 사람들 덕분에 책을 무사히 마무리할 수 있었다. 다시 한 번 고마움을 전한다.

가족들도 아낌없는 조언과 지지를 보내주었다. 자연 친화적 삶에 관심을 두고 영양학을 다시 공부하는 아내 박은지와 늘 아빠를 응원하는 두 딸, 소미와 다민이에게 고맙고 사랑한다고 말하고 싶다. 마지막으로 원고 작업에 많은 도움을 준 김민영 에디터와 테이스트북스 김옥현 대표에게도 감사를 전한다.

1장

FMD를
시작하기 전에

①

건강한 몸을 위한 식습관

68세의 당뇨병 환자가 병원을 찾았다. 그는 당화혈색소(HbA1c, 적혈구의 혈색소가 당과 결합한 정도를 측정하는 당뇨병 검사 방법으로 약 3개월간의 혈중 혈당 농도를 반영함) 수치상으로는 당뇨를 잘 조절하고 있는데도 아침 식사를 하고 나면 당수치가 늘 200이 넘는다고(식후 혈당의 정상 수치는 140mg/dl 이하) 했다. 아침에 무엇을 먹었는지 물었더니 "늘 똑같지요, 뭐"라며 잼을 바른 베이글 한 조각과 우유 한 잔, 바나나와 사과, 집에서 만든 요구르트, 그리고 커피 한 잔을 마셨다고 한다. 꽤 많은 종류를, 그것도 당을 급격히 올리는 음식이 대부분이었다.

"채소는 언제 드십니까?"

"나물 반찬은 잘 먹지 않고 대신 과일을 많이 먹어요."

과일은 채소가 아니다. 과일은 대부분 당분으로 이루어져 있다. 그것도 단당류라서 먹자마자 당수치를 치솟게 만든다. 조금 과장하자면 과일은 설탕물 덩어리나 마찬가지다.

감기에 걸려 찾아온 43세의 주부는 아이를 낳고 난 뒤 살이 잘 빠지지 않는다고 하소연을 했다. 친한 친구들이 "그렇게 조금 먹고 어떻게 사느냐"고 말할 정도로 적게 먹는데 왜 살이 안 빠지는지 모르겠다며 아무래도 살이 찌는 체질 같다고 했다. 일단 그날 무엇을 먹었는지 물었다.

"아침에 밥을 먹지 않는 대신 커피를 마시고 아이에게 주고 남은 딸기와 사과 조금, 그리고 떡 한 조각을 먹었어요. 점심에는 친구를 만나서 고기 먹고 냉면으로 마무리하고, 자리를 옮겨서 치즈케이크에 커피를 마시고, 집에 와서 아이 간식을 챙겨주면서 과자를 약간 먹은 게 전부예요. 친구를 만나지 않으면 점심을 대충 먹기 때문에 저녁 8시에 제대로 첫 식사를 해서 밥을 좀 많이 먹지만 하루 한 끼는 괜찮지 않나요?"

하루 세 끼를 일정하게 먹기는 쉽지 않은 일이다. 하지만 규칙적으로 식사하지 않고 이렇게 '조금씩', '여러 가지'를 먹는 경우 실제로는 먹는 게 별로 없다고 느끼지만 모아보면 많은 양이 된다. 식단 또한 탄수화물이 많아서 건강하지 못한 것은 물론이다.

17세의 고등학생이 배가 아프다고 왔다. 새벽에 구토를 했고 어지러워서 학교에 갈 수 없을 정도라고 했다. 어제 무엇을 먹었는지 물었다. 아침은 배가 고프지 않아서 먹지 않았고, 점심에는 급식을 학교를 마치고 편의점에서 삼각김밥과 라면, 과자를 먹었으며, 밤 11시쯤 집에 와서 햄버거를 먹고 잤다고 했다. 거의 매일 이런 식으로 식사를 한다고 했다. 이런 식습관은 성장기에 필요한 영양소가 결핍되는 것은 물론 소화가 덜 된 음식이 위장에 들어 있는 채로 잠을 자니 배가 아프거나 구토를 하게 되고 아침에 일어나면 배가 고플 리가 없는 악순환이 반복된다. 다시 말해 몸을 해치는 식습관인 것이다.

대장암 진단을 받고 수술과 항암치료를 마친 52세의 환자는 암이 재발해 병원을 찾았다. 평소 군것질을 달고 살았으며 자극적인 음식, 과자 같은 인스턴트식품을 즐겨 먹었다고 했다. 고기를 선호하고 채소를 싫어해서 그나마 자주 먹는 유일한 채소는 김치였다. 암에 걸리고 나서도 식사에 신경을 쓰지 않고 먹고 싶은 것이 있으면 참지 못했다며 이제는 후회가 된다고 말했다.

19세의 고등학생은 손가락 관절이 아파서 글을 쓰는 것도 힘들다고 진료실을 찾았다. 이미 대학병원에서 강직성 척추염(만성 관절염의 일종으로 척추에 주로 생긴다. 엉덩이, 무릎, 어깨 등의 관절에 염증을 일으키며 통증과 함께 관절이 뻣뻣해지는 자가면역질환)이 의심된다는 진단을 받았다고 했다. 이름조차 낯선 병을 진단받은 환자의 어머니는 걱정이 태산이었다. 식습관이 어떤지 물어보니 고기만 좋아해서 고기가 없으면 밥을 잘 먹지 않았고 군것질을 좋아한다고 했다.

감기나 소화불량 같은 가벼운 질병부터 당뇨병, 고혈압, 암과 같은 만성질환, 그리고 치료가 어려운 류마티스 관절염 같은 자가면역질환, 심지어 암에 이르는, 각각 다른 질병으로 병원을 찾아온 환자들에게 받는 공통적인 질문은 "선생님, 그래서 뭘 먹으면 좋을까요?"다. 질문을 받으면 먼저 무엇을 먹고 왔는지부터 시작해서 무엇을 먹고 살고 있는지를 묻는다. 자주 먹는 것을 나열하게 하고 무엇을 먹어야 하는지, 언제 먹어야 하는지, 어떤 것을 피해야 하는지 등을 설명한다.

음식 섭취에 대한 설명은 생각보다 시간이 많이 걸리지만 건강을 유지하기 위해서 가장 중요한 기본이다. 우리가 먹는 것이 우리의 건강을 결정하기 때문이다. 무조건 무엇을 먹어야 하는지가 중요한 것이 아니다. '무엇을 피하고, 무엇을 언제 먹는가'가 중요하다.

②

우리 조상들의 식습관은 어땠을까?

조선시대 사람들의 식습관은 어땠을까? 먼저 임금의 일상식을 살펴보자. 임금은 아침에 일어나면 위장을 비워두지 않기 위해서 아침 7시에 초조반상初朝飯床으로 죽이나 미음을 먹는다. 그리고 아침 10시에 우리의 아침 식사에 해당하는 조반을 먹는다. 열두 가지 반찬과 원반(붉은 옻칠을 한 둥근 상으로 흰밥, 미역국, 간장류, 김치류, 반찬, 뼈를 발라내는 토구 등이 놓인다), 곁반(소형의 둥근 상으로 팥밥, 곰국, 빈 그릇, 빈 접시 등이 놓인다), 전골상(네모난 책상반으로 주로 끓인 조치, 전골, 찜 같은 더운 음식을 받았다가 원반으로 올린다)의 3상으로 구성된 12첩 반상이다. 밥은 흰쌀밥과 팥밥 두 가지로 육류, 채소, 해물 등 다양한 재료로 만든 전골, 찜 등이 더해진다. 여기에 김치류와 장류를 곁들인다. 점심은 간단히 국수 등의 면상을 받는다. 오후 3시에 가볍게 다과를 즐긴 뒤 오후 6시에서 7시 사이의 석반은 다시 12첩 반상이다. 늦은 밤에는 약과, 수정과, 식혜 등의 야참이 또 있다. 오후 다과를 빼더라도 임금은 하루 다섯 끼를 먹었다.

조선 중기의 학자 김령金坽의 〈계암일록(조선 중기 안동 출신 문신 계암溪巖 김령이 1603년부터 1641년까지 39년 동안 쓴 일기)〉에 의하면, 경제적으로 여유가 있는 양반은 임금과 마찬가지로 하루에 다섯 끼를 먹었다고 한다. 네다섯 시간마다 식사를 했다는 것이다. 야참까지 먹는다면 위가 비어 있는 시간은 여덟 시간이 되지 않는다는 계산이 나온다. 하지만 임금이나 양반과 달리 백성들은 하루에 겨우 두 끼를 먹었다. 아침과 저녁, 그래서 하루 식사를 '조석朝夕'이라고 불렀다. 임금이나 일부 양반을 제외하고는 대개 보리밥, 된장국, 그리고 채소 반찬으로 끼니를 때웠다. 점심 식사는 간식 수준이었고 그나마 배가 고프지 않으면 먹지 않았다. 기본적으로 두 끼를 먹었지만 1년 중 일이 가장 많은 농사철에는 세 끼를 먹기도 했다. 땡볕에서 땀 흘리며 일하다 보면 밥을 먹어도 금방 배가 고프다. 그래서 생긴 것이 식사 사이에 먹는 참이다. 원래 아침과 저녁 사이에 먹는 것은 '점심點心'이라 하여 '마음에 점을 찍는 일'이라고 표현했다. 중국 음식 '딤섬Dim Sum'의 한자어가 바로 '點心점심'인데 우리나라나 중국에서 점심은 이 딤섬을 몇 개 먹는 정도의 가벼운 식사를 의미했다.

조선시대에는 신분에 따라서 식사의 양이나 질이 다를 뿐만 아니라 식사의 횟수까지 달랐다. 그렇다면 백성들이 두 끼만 먹던 시절 하루 다섯 끼를 꼬박꼬박 먹었던 임금과 양반들은 건강하게 오래 살았을까?

약원 제신을 불러 접견하고 상(임금)이 이르기를 "심인沈鏔과 정윤교鄭允僑를 들어오게 하라. 밤이 깊은 뒤에 잠깐 잠이 들어 잠을 자고 있을 때 피고름이 저절로 흘러 속적삼에 스며들고 요 자리에까지 번졌는데 잠깐 동안에 흘러나온 것이 거의 몇 되가 넘었다. 종기 자리가 어떠한지 궁금하므로 경들을 부른 것이다" 하였다.

정조 24년 음력 6월 27일, 약원 제신을 불러 접견하였다. 시수가 아뢰기를, "어제 저녁에 들어와 진찰할 때 상께서 마치 주무시는 듯 정신이 몽롱한 증세가 있었는데 지금 바라볼 때도 마찬가지입니다. 간밤에 계속 그러하셨습니까?" 하니, 상이 이르기를 "어젯밤을 지새운 일은 누누이 다 말하기 어렵다" 하고, 시수가 아뢰기를 "지금은 탕약을 의논해 정하는 일이 한시가 급하니, 수의首醫 이하로 하여금 맥을 진찰해 보게 하소서" 하였다. 강명길康命吉, 유광익柳光翼, 이경배李敬培 등이 진맥한 뒤에 아뢰기를 "열기는 조금 없어진 듯하나 좌우 삼부三部의 도수는 모두 부족한 것 같습니다" 하였다.

정조 24년 음력 6월 28일, 부제조 조윤대曺允大가 성향정기산을 받들고 들어오자 시수가 받들어 올리면서 숟가락으로 탕약을 떠 두세 숟갈을 입안에 넣었는데 넘어가기도 하고 밖으로 토해내기도 하였다. 다시 또 인삼차와 청심원을 계속 올려드렸으나 상은 마시지 못했다. 시수가 또 명길에게 진맥하게 하였는데 명길이 진맥을 한 뒤에 물러나 엎드려 말하기를 "맥도로 보아 이미 가망이 없습니다" 하자, 제신이 모두 어찌 할 줄 모르며 소리쳐 울었다.

〈조선시대 임금의 사망원인과 비율〉

사망원인	사망자	비율
감염병	13명	52%
뇌혈관질환	3명	12%
당뇨병	2명	8%
만성질환	2명	8%
자살	1명	4%
기타	4명	16%
전체	25명	100%

<table>
<tr><th colspan="2">사망원인</th><th>왕명</th></tr>
<tr><td colspan="2">뇌출혈(중풍)</td><td>태조, 정종, 태종</td></tr>
<tr><td colspan="2">당뇨병</td><td>세종, 숙종</td></tr>
<tr><td rowspan="3">세균성 감염증</td><td>소화기계</td><td>중종</td></tr>
<tr><td>폐렴</td><td>선조, 영조</td></tr>
<tr><td>패혈증(종기)</td><td>문종, 성종, 효종, 정조, 순조</td></tr>
<tr><td colspan="2">전염병</td><td>연산군, 현종, 경종</td></tr>
<tr><td colspan="2">자살</td><td>단종</td></tr>
<tr><td rowspan="3">불명</td><td>만성질환</td><td>세조, 인조</td></tr>
<tr><td>결핵의증</td><td>인종, 명종</td></tr>
<tr><td>기타</td><td>예종, 광해군, 헌종, 철종</td></tr>
</table>

-〈조선조(朝鮮朝) 역대왕(歷代王)의 수명(壽命)과 그 사인(死因)〉, 홍성봉

위의 기록은 불과 200여 년 전의 일이다. 한 나라의 임금이 한낱 종기 때문에 사망한 것이다. 1800년대 정조 때의 기록으로 정조가 승하하고 조선은 걷잡을 수 없는 내리막길을 걷게 된다. 다음 대를 이은 어린 왕을 대신해 세도정치가 이어지고 외세의 침략이 계속되면서 결국 나라를 빼앗기게 되었다. 비약일 수도 있지만 임금의 종기를 다스리지 못했기 때문에 나라의 운명이 바뀌었다고 상상할 수도 있다.

종기로 목숨을 잃은 임금은 정조만이 아니었다. 세종대왕의 뒤를 이은 문종도 즉위 2년, 고작 39세의 나이로 세상을 떠났다. 만약 정조와 문종이 종기로 사망하지 않았다면 어떻게 되었을까? 하지만 종기가 아니더라도 아무 탈 없이 장수할 가능성은 높지 않을 것 같다. 다섯 끼 이상의 잦은 식사와 과식으로 인한 질병은 차치하더라도 현대인들이 앓는 암, 혈관질환 등 같은 만성질환으로도 분명히 고생했을 것이다.

세종실록을 살펴보자.

> 임금이 상왕을 따라 계산鷄山에서 사냥을 하는데, 경기도 도관찰사都觀察使 서선徐選이 와서 알현하거늘, 상왕이 "이후부터 관찰사는 와서 알현하지 말라"고 명하였다. 상왕이 일찍이 하연으로 하여금 정부와 육조에 유시하기를 "주상은 사냥을 좋아하지 않으시나, 몸이 비중肥重하시니 마땅히 때때로 나와 노니셔서 몸을 존절히 하셔야 하겠으며, 또 문과 무에 어느 하나를 편벽되이 폐할 수는 없은즉, 나는 장차 주상과 더불어 무사武事를 강습하려 한다"고 하였다.
>
> —〈세종실록〉1권, 1418년 세종즉위년 음력 10월 9일

태종이 아들인 세종대왕의 몸이 비만하다고 걱정하는 장면이다. 세종대왕은 현대인들이 많이 앓고 있는 당뇨병과 그 합병증으로 무척 고생했다. 세종대왕은 고기를 무척 좋아해서 수라상에 고기 반찬이 없으면 쳐다보지도 않았다고 한다. 게다가 책을 좋아해서 운동이 부족했다. 세종이 충녕대군이었을 때 병에 걸린 적이 있었다. 와병 중에도 책을 놓지 않는 아들을 본 아버지 태종은 환관들을 시켜 모든 책을 압수했다. 이때 〈구소수간歐蘇手簡〉이라는 책 한 권이 남았고, 세종은 이 책을 무려 백 번 이상 읽었다고 한다. 결국 세종대왕은 육식 위주의 과식과 운동 부족 때문에 당뇨병에 걸렸고 결국 그 합병증으로 54세에 사망했다.

세종대왕은 여러 질병으로 고생했지만 본인이 수행해야 할 일은 멈추지 않았고 실명 위기에도 새로 편찬한 책들을 하루에 수십 권씩 검토했다. 실제로 훈민정음을 창제한 때가 세종 25년, 반포한 때가 28년으로 세종대왕이 승하하기 4년 전이었으니 우리의 한글은 당뇨병과 합병증을 앓고 있는 투병 상황에서 탄생한 위대한 업적이다.

반면 영조는 세종대왕과 달리 소식을 했다. 낮과 밤의 식사는 폐지하고 하루 세끼만 먹었고, 말 타기와 활쏘기 등 운동을 즐겼다고 한다. 먹는 것을 좋아해서 온갖 질병, 특히 당뇨병으로 고생을 했던 세종대왕과는 대조적이다. 영조는 자신이 행한 절식節食에 대한 생각을 즉위 때부터 신하들에게 표명했다.

1724년(영조 즉위년) 10월 18일 다음과 같이 말했다. "음식에 대해서 말하자면 입에 맞으면 족한 것이다. 그런데 지나치게 그 욕구를 자제하지 못하고 식전방장食前方丈(사방 열 자나 되는 상에 음식을 차린다는 뜻, 한 자는 약 30.3cm)을 차린다. 심지어 술이 언덕을 이루고 고기가 산이 되는 일도 일어난다." 또 1731년(영조 7년) 7월 9일에는 "고량지미膏粱之味(기름진 음식의 맛)와 국얼지탐麴蘖之耽(술을 탐하는 일)은 모두 몸에 병을 만들게 하는 빌미다"라고 말했다.

영조는 음식을 담백하게 먹으려고 했으며 동궁인 사도세자가 어려서부터 비만하고 식욕을 절제하지 못하자 이를 매우 못마땅하게 생각했다. 그래서 1749년(영조 25년) 2월 17일에 사도세자를 가르치면서 다음과 같은 말을 하였다. "음식은 한때의 영양과 맛이요, 학문은 일생의 영양과 맛인데, 배부르고도 체하지 않는 것은 오직 학문이다." 더불어 검소함을 강조하면서 "사치를 몰아내는 한 가지 절목은 곧 임금이 먼저 해야 할 일이다. 나도 즉위 초에 역시 사치를 금한 일이 있으니, 먼저 농사의 어려움을 알고 난 뒤라야 물자를 아껴 쓰고 백성을 사랑할 수 있다. 네가 만약 양 한 마리를 삶으라고 한다면 피해가 백성에게 미치는 것 역시 크다"고 말했다.

이와 같이 영조는 음식을 줄이고 낭비를 경계하는 절음식節飮食의 중요성을 강조하였고, 스스로 실천하려 노력하였다. 이것이 바로 성리학에서 강조한 검박함의 실천이다. 영조는 젊었을 때는 한여름이나 한겨울에 차가운 음식을 즐겨 먹었지만 위장이 좋지 않아 자주 설사를 했다. 결국 50세가 넘어서면서 차가운 음식도 피했다. 영조는 음식을 정할 때 반드시 자신의 체질과 식치食治(음식으로 병을 다스린다)의 원리를 근저에 두고 스스로 판단하면서 늘 건강을 관리했던 것이다.

참고자료

1 〈조선왕조실록〉, 세종실록, 영조실록, 정조실록

2 〈장수한 영조의 식생활〉, 주영하, 한국학중앙연구원출판부, 2014

3 〈조선시대 왕들의 질병치료를 통해 본 의학의 변천〉, 김정선, 서울대학교 대학원, 2005

③

현대인의 사망원인과 질병

그렇다면 현대인은 어떨까? 통계청 자료에 따르면 2017년 한국인의 3대 사망원인은 암, 심장질환, 뇌혈관질환이다. 사망자의 27.6%가 암으로 사망했고, 심장질환이 10.8%, 뇌혈관질환이 8.0%다. 그다음은 폐렴(6.8%), 자살(4.4%), 당뇨병(3.2%)이 차지한다. 3대 사망원인은 크게 암과 혈관질환인데 이들을 합치면 46.4%이며, 당뇨병까지 더하면 약 50%가 만성질환과 관련이 있다. 당뇨병의 사망원인도 당뇨합병증으로 인한 혈관질환이 대부분이다. 현대인의 둘 중에 한 명은 암 아니면 혈관질환으로 사망하는 것이다.

〈현대인의 사망원인과 사망률〉

순위	2007년		2016년		2017년					
	사망원인	사망률(%)	사망원인	사망률(%)	사망원인	사망자 수(명)	구성비(%)	사망률(%)	'07 순위 대비	'16 순위 대비
1	악성신생물(암)	138.1	악성신생물(암)	153.0	악성신생물(암)	78,863	27.6	153.9	-	-
2	뇌혈관 질환	60.0	심장질환	58.2	심장질환	30,852	10.8	60.2	+1	-
3	심장질환	44.1	뇌혈관질환	45.8	뇌혈관질환	22,745	8.0	44.4	-1	-
4	고의적 자해(자살)	24.9	폐렴	32.2	폐렴	19,378	6.8	37.8	+6	-
5	당뇨병	23.1	고의적 자해(자살)	25.6	고의적 자해(자살)	12,463	4.4	24.3	-1	-
6	운수 사고	15.6	당뇨병	19.2	당뇨병	9,184	3.2	17.9	-1	-
7	만성 하기도 질환	15.4	만성 하기도 질환	13.7	간 질환	6,797	2.4	13.3	+1	+1
8	간 질환	15.0	간 질환	13.3	만성 하기도 질환	6,750	2.4	13.2	-1	-1
9	고혈압성 질환	11.1	고혈압성 질환	10.6	고혈압성 질환	5,775	2.0	11.3	-	-
10	폐렴	9.4	운수 사고	10.1	운수 사고	5,028	1.8	9.8	-4	-

- 통계청(단위 : 인구 10만 명당 명)

암 사망률은 폐암, 간암, 대장암, 위암, 췌장암 순서로 높았다. 특히 1983년 통계 작성 이래 처음으로 2017년에 대장암 사망률(인구 10만 명당 17.1명)이 위암 사망률(15.7명)을 추월했다. 지난 10년간 대장암 사망률이 높아진 이유는 서구화된 식습관과 비만 인구의 증가 등에 의해서 대장암의 발병률이 높아졌기 때문이라고 분석된다.

〈악성신생물(암) 사망률 추이〉

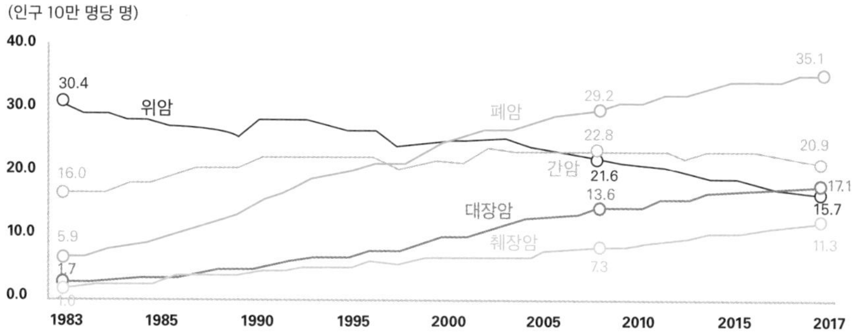

그렇다면 우리나라 사람들의 사망원인 1위인 암은 왜 생기는 것일까? 암의 발생 원인은 아직까지 정확하게 밝혀지지 않았다. 유전인자, 환경오염물질, 방사선, 바이러스 등의 감염, 흡연, 음주, 식습관 등이 발암의 원인으로 알려져 있다. 특히 내적 요인 중에서는 유전인자가 중요한 역할을 하는데 암 유전자의 발현으로 정상적인 세포주기에 필요한 여러 신호 전달 체계에 이상이 발생하거나 억제 유전자의 이상으로 암

유전자가 억제되지 못하고 활동하는 경우에 암이 발생하는 것으로 알려져 있다. 중요한 외적 요인으로는 식습관, 흡연, 음주, 직업적으로 노출되는 발암물질(벤즈피린, 아플라톡신, 비소, 석면) 등이나 대기오염, 약물 등이 포함된다.

2008년 〈제약연구학술지(Pharmaceutical Research)〉에 발표된 '암은 생활 습관 변화를 요구하는 예방 가능한 질병이다'라는 논문에 의하면 암의 원인은 유전적인 요인이 5~10% 정도일 뿐이고, 30~35%는 식습관 때문에 발생한다고 말한다.

다음의 그래프를 보면 생활 습관 및 환경적인 요인 중 2위는 담배이며 25~30%를 차지한다. 그 외에는 감염, 비만, 알코올 등이다. 담배를 끊고 좋은 식습관을 유지한다면 50% 이상 예방 가능하다는 의미가 된다. 우리나라도 서구화된 생활 습관 때문에 선진국에서 많이 발생하는 유방암, 전립선암, 대장암이 증가하고 있다. 식습관은 대장암의 발생에 70%나 영향을 미치며, 유방암은 50%, 전립선암은 75%를 차지한다.

소화기계 암 가운데 우리나라 사람들이 가장 많이 걸리는 암은 위암이다. 하지만 대장암이 이에 못지않게 가파르게 증가하고 있다. 우리나라 대장암 발병률은 세계 최고 수준이다. 세계보건기구(WHO) 산하 국제암연구소(IACR)에 따르면 2015년 국내 대장암 발병률은 인구 10만 명당 45명으로 조사 대상 184개국 가운데 가장 높았다.

식습관은 비교적 어린 나이부터 굳어진다. 부모의 생활 습관이 자녀에게 영향을 주기도 하고, 초등학교 때부터 과자와 인스턴트 음식, 단음료 등을 쉽게 접할 수 있기 때문이다. 학원, 야간자율학습 등 학업으

〈암의 발생 원인〉

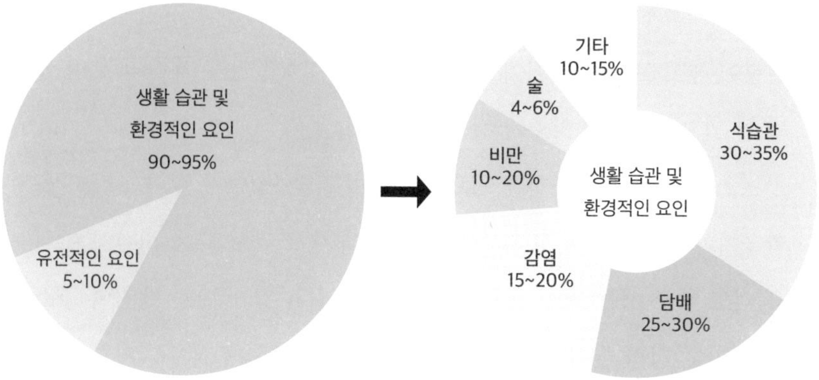

〈식습관이 각종 암에 영향을 미치는 비율〉

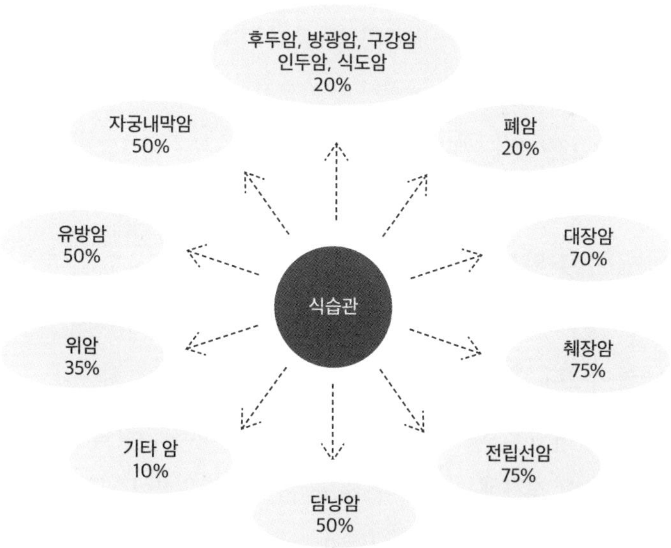

- 〈제약연구학술지〉, '암은 생활 습관 변화를 요구하는 예방 가능한 질병이다(2008)'에서 발췌
〈Cancer is a Preventable Disease that Requires Major Lifestyle Changes〉. Pharm Res. 2008
-Anand P, Kunnumakkara AB, Sundaram C et al.

로 인해 바쁜 학생들에게 간단하게 끼니를 해결할 수 있는 인스턴트식품과 패스트푸드는 달콤한 유혹이 아닐 수 없다. 하지만 이런 음식들은 열량이 높고 포만감은 적어서 한꺼번에 많이 먹게 된다. 게다가 우리 몸에 꼭 필요한 미량영양소가 결핍되어 있다.

청소년들은 주로 아침을 거르고 야식을 먹는 경우가 많다. 야간자율학습이나 학원이 끝나고 집에 돌아오면 배가 고파서 늦은 시간에 야식을 먹고 바로 자는 일이 흔하다. 이로 인해 위와 장에 탈이 생기며 청소년 비만도 점점 늘어나고 있는 추세다. 교육부에서 전국 764개 학교를 대상으로 한 2017년도 학생건강검사의 표본통계에 따르면 비만 학생 비율(표준 체중 대비)이 17.3%로 2008년의 11.2%보다 6.1%가 증가했다. 고등학생으로 갈수록 비만 비율이 올라가서 비만 학생 비율이 21.3%로 5명 중에 1명이 비만이다. 체질량지수(BMI) 기준으로 하면 초중고 전체 비만율은 23.7%나 된다.

사회인도 마찬가지다. 학교를 졸업하고 직장생활을 시작하면서 점심과 저녁을 주로 외식으로 해결하고, 회식과 야식으로 음주를 하면서 체중이 많이 불어난다. 그리고 여자들은 출산과 완경을 겪으며 급격하게 체중이 늘어난다. 운동 부족도 체중이 늘어나는 요인 중 하나다.

세대 간의 차이도 있다. 지금의 40대만 해도 50대, 60대와 마찬가지로 집밥 위주의 식사에 익숙하다. 전통적인 한국 음식이 지닌 장점을 누렸던 세대로 자연의 먹거리를 먹었고 학원 대신 운동장에서 뛰어 놀았다. 하지만 30대를 포함한 그 이후 세대는 경제 발전에 힘입어 집밥과는 거리가 멀다. 자연에서 나는 재료로 만든 요리보다 편의점에서 파는 가공식품과 인스턴트식품이 익숙하고 그 맛에 길들여져 있다. 맞벌이가 늘어나고 집에서 밥을 차려 먹기가 힘들어지면서 외식의 비중이 늘었다. 삼겹살과 쇠고기구이, 짜장면, 분식, 뷔페 등을 자주 먹고 밤에는 배달 음식을 즐긴다.

"내가 먹는 것이 곧 나"라는 말이 있다. 내가 먹는 음식이 나의 건강을 결정한다는 뜻이다. 인체를 구성하고 인체 내에서 다양한 작용을 하는 영양소들인 탄수화물, 단백질, 지방, 비타민, 미네랄 등은 우리가 먹는 음식물을 통해 얻는 것이다.

최근 30~40년 사이에 이루어진 사회 환경의 변화는 인체가 적응하기 힘들 정도로 너무나 빠르게 전개되고 있다. 식품 가공 기술의 발달과 산업화의 결과는 우리들을 편리함의 덫에 빠뜨려 건강을 위협하고 있다. 인스턴트식품의 발달과 먹기 편하게 도정하고 정제된 식품을 쉽게 접하게 되는 급격한 식생활 변화는 아이들에게 만성질환의 증가와 주의력 결핍, 과잉행동장애 및 학습장애를 불러일으키는 원인이 되기도 한다. 우리가 먹는 것은 우리의 건강과 수명을 동시에 결정한다. 현대인들이 겪는 만성질환을 극복하고 건강하게 오래 살기 위한 열쇠는 바로 내가 먹는 한 끼일 수 있다.

④

요즘 우리는 어떻게 먹을까?

50대 당뇨 환자가 진료실로 들어왔다. 얇은 티셔츠 아래 잔 근육이 드러나는, 건강한 체격을 지닌 남성이다. 그는 오늘 당뇨 때문에 온 것이 아니었다. 2주 전부터 배가 더부룩하고 가스가 자꾸 차는데 대변은 시원하게 나오지 않는다고 했다.

"열이나 몸살, 구토나 설사 같은 증상도 있습니까?"

"그런 것은 전혀 없습니다."

"최근 한 달간 일상생활에 변화가 있었습니까?"

"없습니다. 운동도 규칙적으로 하고 평소대로 먹는데 왜 이럴까요?"

"오늘 아침에는 무엇을 드셨습니까?"

"바나나와 사과 반 개, 그리고 커피를 마셨습니다."

"점심과 저녁은 언제, 무엇을 드십니까?"

"점심은 회사에서 밥을 먹고, 저녁은 집에 와서 먹는데 과식하지 않고 잘 조절하는 편이라고 생각합니다."

당뇨 수치를 잘 관리하고 운동도 규칙적으로 하고 있고, 식사도 얼핏 보기에는 제대로 먹고 있는 듯이 보였다.

"점심과 저녁에는 주로 무엇을 드십니까?"

"회사에서 먹는 점심은 생선, 달걀, 두부, 나물 반찬, 김치 등 한식 위주입니다. 저녁에는 김치찌개나 된장찌개, 김치, 물김치 등 김치 종류와 오징어채무침 같은 마른 반찬을 먹습니다."

"몇 개월 전에 물어본 것과 달라진 점이 있는데 아십니까?"

"글쎄요? 뭐가 달라졌습니까?"

"그때는 매일 아침에 견과류와 샐러드를 먹는다고 하셨어요."

"그러고 보니 언제부터인가 견과류와 샐러드를 먹지 않았네요."

"하루에 물은 어느 정도 마십니까?"

"많이 마시려고 노력하고 있습니다."

"소변이 진한 노란색은 아닌가요?"

"그럴 때도 있고 아닐 때도 있습니다."

규칙적으로 운동하면서 식습관도 잘 관리하고 있다고 생각하는 중년의 남자가 호소하는 복부 불편의 원인은 무엇일까? 이 남성은 물을 자주 마시고는 있지만, 갑자기 더워진 날씨 탓에 하루에 필요한 만큼은 마시지 못했으며 견과류와 샐러드로 채워지고 있던 건강한 지방 성분과 섬유질이 식단에서 사라졌다. 거기에 점심과 저녁에 먹는 반찬은 김치

외에는 채소가 거의 없다. 그래서 장이 잘 움직이지 않고 이로 인하여 배가 더부룩하고 방귀는 수시로 나오지만 대변은 시원하게 배출되지 않으면서 복부 불편감이 나타난다는 진단을 내렸다.

누구나 한 번쯤은 이런 증상을 경험한 적이 있을 것이다. 장이 잘 움직이지 않으며 배에 가스가 차고 불편함을 동반하는 증상 말이다. 이런 증상은 대부분 불규칙한 식사, 과식과 폭식, 그리고 식이섬유와 수분이 부족할 때 발생한다.

이 50대 남성은 식사 조절을 잘하고 있는 편이다. 당뇨병이 있지만 최소의 약을 복용하면서 일상생활을 절제하며 병을 잘 다스리고 있는 훌륭한 본보기라고 할 수 있는 사람이다. 그럼에도 불구하고 식습관의 변화만으로도 복통을 동반한 위장 증상이 발생한 것이다.

병원을 방문한 50대 후반의 전업주부는 자녀들이 분가해서 나가고 남편과 단출히 살면서 '스스로 완벽하게 먹고 규칙적인 일상생활을 하고 있다'고 생각하는 사람이었다. 오늘은 몸살이 생겨서 왔다면서, 몸살 탓인지 속이 좀 더부룩하다고 했다.

"구토나 설사는 없으셨습니까?"

"제가 얼마나 음식을 조심해서 먹는데요. 그냥 몸살 때문에 속이 더부룩한 것뿐입니다."

"동반되는 다른 증상은 없으십니까?"

"그러고 보니 속이 약간 쓰리고 신물이 약간 넘어오긴 하네요."

"최근에 내시경은 해보셨습니까?"

"2주 전에 검진하면서 위내시경을 했는데 아무렇지도 않답니다."

"아침은 뭘 드시고 오셨습니까?"

"저는 아침 안 먹어요."

"지금 12시가 넘었는데 뭐라도 드시지 않았나요?"

"커피 마시고 바나나를 요구르트에 갈아서 먹었어요."

"보통 점심은 무엇을 드십니까?"

"집에서 혼자 밥 조금이요. 선생님, 저는 진짜 조금밖에 안 먹어요. 그런데 세상에! 지난달에 살이 3kg이나 쪘는데 이건 왜 그럴까요?"

"그러셨군요. 점심에 반찬은 무엇을 드십니까?"

"밥 조금에 김치와 마른 반찬이요. 저는 반찬도 거의 안 먹어요."

"늘 집에서 점심을 드십니까?"

"아뇨, 교회에서 점심을 자주 먹는데 쌀국수나 칼국수 같은 면을 주로 먹어요."

"그럼 저녁은 뭘 드십니까?"

"저녁에도 밥은 거의 안 먹고요. 밥은 먹어도 한두 순갈 정도, 과일을 먹거나 감자를 구워 먹기도 하고, 간혹 핫도그만 먹을 때도 있고요."

이 여성은 알고 보니 남편이 늦게 귀가해서 9시쯤에 저녁을 차려주는데 옆에서 아주 조금 밥도 같이 먹고 술도 한잔한다고 했다. 이 식단에서 가장 큰 문제는 '아주 조금', 하루 종일 '뭔가'를 먹고 있다는 점이다. 그리고 덧붙여서 늦은 시간에 남편과 먹는 밥, 그리고 이어지는 맥주와 야식이 더부룩한 증상을 야기하고 있었다. 현재 내시경에서는 별다른 문제가 없다고 하지만, 계속 이런 식습관을 유지하면 역류성식도염으로 인한 식도암, 위염으로 인한 위암 등 최악의 상황이 올 수도 있다. 가장 큰 문제점은 스스로 식사 조절을 잘한다고 착각하고 있다는 점이다. 환자들에게 '무엇을 먹고 있는지'에 대해 질문해서 꼼꼼히 먹은 것을 따져보면 대부분 먹는 양과 횟수가 넘치고, 음식의 질은 무척 떨어진다. 하지만 사람들은 스스로 음식과 식단에 대해서 잘 알고 있다고 착각한다.

음식을 지나치게 자주 먹지 않고 공복 시간을 어느 정도 유지하면 체중을 조절할 수 있다. 우리가 먹은 음식은 입에서 씹은 뒤 식도를 통과해 위로 이동한다. 위로 전달된 음식물은 3~5시간 동안 분해하기 쉬운 형태로 만들어져서 소장으로 내려간다. 소장에서 분비된 효소로 인해 탄수화물은 포도당으로, 단백질은 아미노산으로, 지방은 지방산으로 분해된다. 식이섬유는 분해되지 않으므로 흡수되지 않은 상태로 이동하고 분해된 음식은 혈액을 통해 흡수되어 이동한다. 혈액 속 포도당(혈당)은 모든 세포에서 사용된다. 혈당이 상승하면 즉각적으로 인슐린이 분비된다. 인슐린은 세포가 포도당을 흡수하여 에너지로 사용하도록 돕는다. 이때 인체가 사용할 수 있는 포도당보다 양이 많으면 인슐린은 남는 포도당을 나중에 사용하기 위해 간이나 근육에 글리코겐이라는 형태로 저장한다.

음식 섭취 후 몇 시간의 공복 시간을 가지면 혈당과 인슐린 농도가 감소하기 시작한다. 그래서 근육과 뇌 및 다른 기관에서 사용할 수 있는 포도당이 줄어들면 저장되어 있는 글리코겐을 다시 포도당으로 분해해서 사용한다. 이 과정은 공복 시간에 이루어진다. 공복을 유지하지 않고 음식을 계속 섭취하면 간에서 글리코겐을 저장할 수 있는 공간이 부족하여 더 이상 포도당을 글리코겐 형태로 저장할 수가 없다. 저장하지 못한 포도당은 지방산생합성을 통해 지방의 형태로 저장된다.

인슐린은 주로 저장하는 호르몬 역할을 담당한다. 음식을 먹으면 인슐린이 올라가서 글리코겐이나 지방의 형태로 저장하고, 굶으면 인슐린이 감소하여 저장된 글리코겐과 지방을 소모하는 것이다. 음식을 소비할 만큼만 적절히 섭취하고, 약간 남는 것은 저장해두었다가 적절한 시기에 사용해야 몸의 균형을 잘 이룰 수 있다. 그래서 12시간 안에 식사를 하고 12시간을 공복으로 유지한다면 살이 찌지 않고 균형을 잘 맞출 수 있다.

시도 때도 없이 탄수화물을 많이 섭취하면 결국 지방산생합성 과정으로 생성된 지방은 간에 저장되고, 내장지방과 피하지방에 축적된다. 하지만 공복 상태를 더 늘린다면 인슐린 분비가 낮아져서 저장된 글리코겐이 사용되고 자연스럽게 지방의 연소 과정이 일어나서 지방이 몸에 축적되지 않고 살이 잘 찌지 않는다. 공복 기간이 짧으면 비만을 벗어날 수 없다. 공복 상태를 유지하지 않고 음식을 자주, 많이 섭취한다면 우리 몸은 더 많은 인슐린을 분비할 것이다. 췌장의 베타세포는 더 많은 인슐린을 분비시켜서 포도당을 세포 속으로 집어넣으려고 하지만 인슐린은 포도당을 넣지 못하는 상태에 이른다. 이것을 인슐린 저항성이라고 한다. 이 상태가 되면 포도당이 혈액에 둥둥 떠다니고 이것이 많은 현대인들이 걸려 있고 또 세종대왕이 앓았던 당뇨병이다.

근육, 간, 지방은 인슐린 저항성에 영향을 받는다. 인슐린 저항성 때문에 포도당이 근육에 제대로 전달되지 않으면 근육은 에너지를 내기 위해 지방을 받아들인다. 고급 에너지인 포도당 대신 저급 에너지인 지방을 쓰다 보니 충분한 힘을 내지 못하고 결국 근육량이 줄고 근육에 지방이 쌓이게 된다. 또한 간에서는 포도당이 충분히 사용되지 못하니 더 이상 포도당을 만들지 않고 에너지를 지방으로 쌓아둔다. 이것이 지방간이다. 인슐린이 우리 몸에서 균형을 이루기 위해서는 우선 공복 시간을 적절히 유지해야 된다. 풍요의 시대에 발생한 각종 질환을 극복하기 위해서 우리는 단식의 지혜를 빌려야 한다.

⑤

단식은 어떤 효과가 있을까?

1950년대와 1960년대에 비만을 치료하기 위해 단식에 대해 실험한 연구가 있다. 이들의 연구에 의하면 장기간 단식을 하면 뇌는 포도당을 연료로 사용할 수 없게 된다. 단백질이 분해되어 포도당을 공급해주는 당신생(Glulconeogenesis)이 근육에서 계속 진행되지 않기 때문이다. 이 때문에 장기 단식에서는 뇌의 포도당 이용이 급격히 감소한다. 음식을 섭취한 후 다섯 시간 정도가 지나면 음식을 통한 포도당 공급은 끝난다. 이때부터 인체는 간 내에 저장되어 있는 글리코겐을 분해해서 포도당을 공급하기 시작한다. 글리코겐을 통한 포도당 공급은 음식을 통한 포도당 공급이 끝난 뒤에 시작되어 두 시간 뒤 정점을 이루며, 음식 섭취가 시작된 지 30시간이 지나면 글리코겐을 통한 포도당 공급은 일어나

〈장기간 단식에서 나타나는 다섯 가지 대사 단계〉

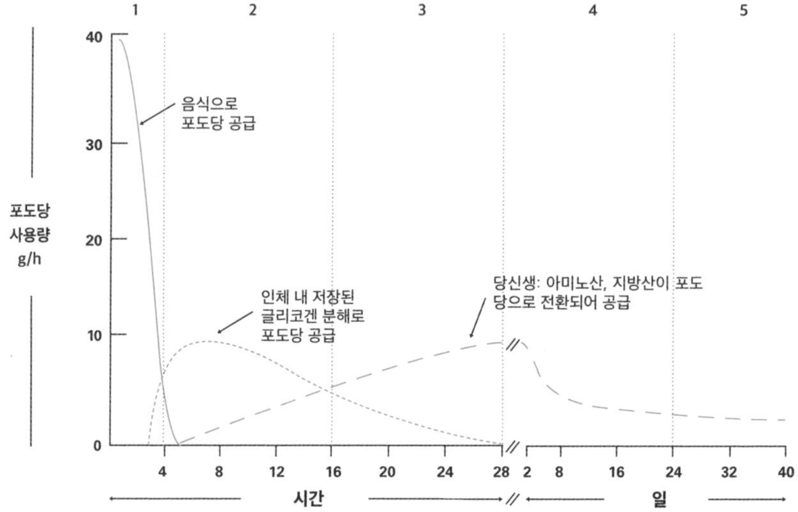

대사 단계	1	2	3	4	5
혈당의 출처	음식	글리코겐 간의 당신생	글리코겐 간의 당신생	간과 신장의 당신생	간과 신장의 당신생
포도당을 사용하는 인체 내 조직	모든 조직	간을 제외한 모든 조직 근육, 지방 조직은 이용 속도가 감소	간을 제외한 모든 조직 근육, 지방 조직은 포도당의 이용 속도 감소, 2와 4의 중간 단계	뇌, 적혈구, 신장수질, 근육의 약간에서 포도당 사용	감소된 속도로 뇌에서 이용 적혈구, 신장수질
뇌의 주요 에너지원	포도당	포도당	포도당	포도당, 케톤체	포도당, 케톤체

지 않는다. 음식 섭취를 통한 포도당 공급이 끝난 시점인 식사 뒤 다섯 시간부터 인체 내의 근육단백질이나 지방세포의 지질이 분해되며, 이들이 포도당으로 전환되는데 이를 당신생이라 부른다. 2일이 지나지 않아 당신생으로 포도당 공급이 감소되며 이때부터 인체는 주요 에너지원으로 지방에서 유래한 베타수산화부틸산ß-hydroxy Butyrate을 이용하게 된다. 신체에서 생성되는 지방산의 대부분은 케톤체Ketone Body 생성을 통해 이루어진다. 케톤체는 지방의 분해로 만들어지며 크게 세 종류다. 베타수산화부틸산, 아세트아세트산, 아세톤으로 장기간의 단식을 하면 이를 주요한 에너지원으로 이용한다.

결론적으로 말하면 우리 몸은 먹을 게 없는 상태가 되면 대사변화가 일어나면서 이에 적응하고자 한다. 먼저 에너지원이 포도당에서 케톤체로 바뀐다. 섭취한 여분의 칼로리는 탄수화물인 글리코겐으로 바뀌어 간이나 근육에 저장되거나 지방으로 바뀌어 지방 조직에 쌓인다. 단식을 하면 처음에는 글리코겐을 다시 포도당으로 분해해 사용하지만 12시간 정도가 지나면 다 소진되기 때문에 다음 단계로 지방을 분해해 케톤체를 만들어 에너지원으로 사용한다. 즉, 최소 12시간은 음식을 먹지 않아야 복부 지방이 연소되기 시작한다는 말이다. 간에 저장된 글리코겐이 고갈되어 포도당에서 지방산으로 대사 스위치가 바뀌면 긍정적인 효과가 시작된다. 단식을 통해 신체 내에서 일어나는 변화는 다음과 같다.

· 혈액

케톤 수치 증가

케톤은 신체에서 지방이 대사될 때 나오는 물질이다. 케톤 수치가 증가하면 우리의 몸이 탄수화물 같은 포도당 대신 지방을 연료로 쓰는 상태라는 것을 알 수 있다. 단식의 효과가 나타나는 지표로 많이 활용한다.

혈당, 인슐린, 렙틴 수치 감소

인슐린은 췌장에서 분비하는 혈당 조절 호르몬이고 렙틴은 지방세포에서 분비하는 식욕 억제 호르몬이다. 렙틴은 신체에 저장된 에너지가 충분하면 분비된다. 고탄수화물식이를 하면 인슐린과 렙틴이 증가하고 단식을 하면 혈당과 인슐린, 렙틴은 감소하게 된다.

아디포넥틴 수치 증가

아디포넥틴Adiponectin은 지방세포에서 분비되는 단백질의 일종으로 지방 분해 호르몬으로 알려져 있다. 인슐린 저항성, 염증, 체내지방질 등을 감소시키는 작용을 한다. 그러므로 혈중 아디포넥틴 농도는 비만을 포함한 대사성질환과 심혈관질환의 발병 위험을 예측하는 지표로 활용된다. 아디포넥틴이 감소하면 당뇨병 등의 대사성질환이나 심혈관질환의 발병 위험이 높아진다는 것이다.

사이토카인 염증 수치 감소

사이토카인Cytokine은 신체의 방어체계를 제어하고 자극하는 신호 물질로 사용되는 당단백질이다. 몸에 침입하는 이물질을 공격하는 면역물질이기도 하다. 하지만 면역 활동에 사용되지 않는 사이토카인은 혈액 속을 돌아다니면서 혈관 내벽에 상처를 내고 동맥경화의 원인이 된다. 단식을 하면 염증 수치인 사이토카인이 감소한다.

산화스트레스 감소

단식을 하면 산화스트레스가 감소한다. 산화스트레스는 몸 곳곳의 노화를 가속시키고 질병을 일으키는 원인이 된다. 또한 세포, DNA를 손상시키며, 질병 및 질환의 가능성을 증가시킨다.

· 간

글리코겐 사용

단식을 하면 간에 있는 글리코겐을 사용한다. 섭취한 여분의 탄수화물은 글리코겐으로 바뀌어 간이나 근육에 저장되거나 지방으로 바뀌어 지방 조직에 쌓인다. 단식을 하면 처음에는 글리코겐을 포도당으로 분해해 사용하지만 열두 시간 정도 지나면 모두 소진된다.

케톤 생성

단식을 하면 일차적으로 글리코겐을 에너지로 사용하고 다음 단계로 지방을 분해해 케톤체를 만들어 에너지원으로 사용한다.

인슐린 감수성 증가

인슐린은 췌장에서 분비되는 호르몬으로 세포에 혈당 흡수를 촉진시킨다. 혈당치가 증가하면 인슐린을 분비시켜서 혈당치를 낮추지만 인슐린 저항성이 있는 사람은 인슐린이 많이 분비되더라도 세포가 포도당을 흡수하지 못하기 때문에 혈당 수치가 증가한다. 단식을 하면 인슐린 저항성이 낮아지고 인슐린 감수성을 향상시킨다.

지방 저장 감소

단식을 하면 에너지원으로 사용하기 위해 지방을 분해하기 때문에 지방의 저장이 감소한다.

· 장

염증 반응 감소

단식은 신체 내에서 일어나는 염증 반응을 감소시킨다. 손상된 세포를 제거하고 염증 반응을 줄이는 자가포식 작용이 일어난다.

· 심장

혈압 감소

단식을 하면 혈압이 떨어진다. 고혈압 환자들은 혈압 조절에 도움이 된다.

안정 시 심박수 감소

단식을 하면 부교감신경이 활성화되어 심박수가 줄어든다.

부교감신경 증가

자율신경은 교감신경과 부교감신경이 서로 반대 작용을 하면서 균형을 맞춘다. 교감신경과 부교감신경은 한쪽이 활성화되면 한쪽이 위축된다. 단식을 하면 부교감신경이 증가하여 흥분되어 있는 심장을 안정화시킨다. 명상에도 부교감신경을 증가시키는 효과가 있다.

스트레스 조절 능력 향상

단식을 하면 자율신경이 조절되어 스트레스 조절 능력이 향상된다.

· 지방세포

지방 분해

단식을 하면 에너지원으로 지방을 사용하기 때문에 지방이 분해된다.

렙틴 감소

단식을 하면 식욕 억제 호르몬인 렙틴 수치가 감소한다.

염증 반응 감소

단식을 하면 염증 반응이 줄어든다.

· 기타 효과

인슐린 감수성 증가와 염증 감소는 근육에도 영향을 미친다. 또한 대사증후군 호전, 복부 비만 감소, 공복 혈당 감소, 공복 인슐린 수치 감소, 지방량 및 내장지방 감소, 총 콜레스테롤 감소, LDL콜레스테롤 감소, 중성지방 감소, 심혈관질환의 위험 인자 감소, 인지 기능 및 신체 기능, 뇌기능 향상 등의 효과가 있다.

참고자료

1 〈Metabolism in Starvation〉, George F. Cahill Jrl Fuel, Annu.Rev.Nurt, 2006

2 〈Flipping the Metabolic Switch: Understanding and Applying Health Benifits of Fasting〉, Anton SD, Moehl K, Donahoo WT, Marosi K, Lee SA, Mainous AG 3rd, Leeuwenburgh C, Mattson MP, Obesity(Silver Spring), 2018

3 〈Impact of Intermittent Fasting on Health and Disease Processes〉, Mark P Maltson, Valter D. Longo, Michelle Harvie, Ageing Res Rev, 2017

4 〈Fasting and Cancer: Molecular Mechanisms and Clinical Application〉, Nencioni A. Caffa I, Cortellino S, Longo VD, Nat Rev Cancer, 2018

5 〈Fasting and Differential Chemotherapy Protection in Patients〉, Raffaghello L, Safdie F, Bianchi G, Dorff T, Fontana L, Longo VD, Cell Cycle, 2010

⑥

단식의 경험

단식의 이유나 목적은 다양하다. 아파서 음식을 못 먹을 수도 있고, 체중 조절이나 건강 등의 특정한 목적을 위해 단식을 시도할 수도 있다. 나 또한 수차례의 단식 경험이 있다. 2003년 8월 기능 의학(Functional Medicine)을 함께 공부한 의사들과 단식을 시도했다. 이 단식은 몸을 해독시키는데 초점을 두었다. 일상적인 업무를 보면서 단식을 하는 것이 쉽지 않았지만 장을 비우는 과정, 간과 담낭을 비우는 과정, 피부를 통한 배출 등을 직접 체험했다.

먼저 장을 비우는 과정부터 시작된다. 평소 무른 변이나 설사를 하는 사람은 이 과정을 생략한다. 취침 전에 다시마환 두 순갈과 마그밀(설사를 하게 만드는 약)을 3~5정 먹고 물을 한두 잔 마신 뒤 복부 마사지를 하고 잠자리에 든다. 다시마환은 중금속과 유해물질 배출, 변비 해결에 도움을 준다. 무른 변이 하루에 1~2회 배출될 때까지 진행하는데 이 과정을 거치고 나면 식용 숯가루를 아침 식전과 식간, 자기 전에 총 4회 복용한다. 숯가루는 장 속에 쌓인 노폐물을 흡착해서 배설시키기 때문에 장 해독에 도움을 준다. 이후에는 간과 담낭의 해독 과정에 돌입한다. 간이나 담낭 내의 경화된 담즙을 배출하기 위해 4일 동안 유기농 사과주스를 하루에 1L씩 마셨다. 그리고 그와 같은 과정에 도움을 주는 커피 관장을 취침 한 시간 전에 4일 동안 실시했다. 6일째 되는 날에는 담즙 분비를 원활하게 만들기 위해서 올리브유와 레몬주스를 반 잔씩 마시고 우측으로 눕는 자세를 취했다.

이외에도 복잡한 과정이 이어졌다. 피부를 통한 해독에 도움이 되는 냉온교대욕, 건포마찰법, 그리고 중금속이나 지용성 독소의 배출에 도움을 주는 사우나 방법까지 동원하면 좋다고 했지만 일상생활을 하면서 지속하기에는 벅찼다. 핫팩 등을 이용해 수치료를 하거나 근막을 이완하는 방법을 체험했고 곰팡이와 기생충 제거에 도움을 주는 약까지 복용했다.

일주일 뒤 서로의 경험을 나누었다. 이 과정을 환자들에게 적용할 수 있을까? 외래 진료를 하는 의사들 입장에서는 선택하기 힘든 복잡한 과정이었다. 숙박이 가능한 장소에서 전문적인 교육과 함께 진행해야 할 정도로 복잡했고 함부로 사람들에게 추천하기에는 건강에 위험한 부분도 있었다. 그래서 이 과정을 경험한 대다수의 의사들은 자신의 체험에 그치고 말았다.

그 뒤에 접하게 된 것은 니시요법이었다. 니시요법은 일본의 니시 가쓰조西勝造가 창안한 생활건강법이다. 그는 의사는 아니지만 수많은 의학이론을 종합하여 자신만의 건강법을 발표했다. 그에게는 의사인 제자들이 여러 명 있었는데 그중 한사람인 와타나베 쇼 박사를 만난 적이 있다. 당시 80세를 넘긴 와다나베 박사는 니시요법에서 강조하는 건강법을 여전히 실천하고 있다고 했다. 니시요법에서는 질병의 원인을 척추 문제, 혈액순환 문제, 신경의 부조화, 체액의 불평등, 장 건강의 이상으로 봤다. 그리고 그것을 해결하는 방법으로 냉온욕과 풍욕을 통해 피부를 강화시키고 아침 식사를 먹지 않을 것을 주장했다. 오전은 배설기관이 일을 하고 소화기관은 쉬어야 하는데 아침을 먹으면 노폐물이 쌓인다는 것이다. 아침을 먹지 않는 것은 1일 2식의 간헐적 단식 효과도 있다. 아침을 꼭 먹어야 한다고 주장하는 방법과 상충되지만 하루에 섭취하는 칼로리를 줄일 수 있다는 관점에서는 일맥상통하는 점이 있다. 아침을 먹으면 점심시간까지 허기를 덜 느끼므로 점심을 적당히 먹게 되고 저녁 식사량까지 줄어든다. 하지만 저녁 회식과 야식이 이어진다면 결국 하루에 섭취하는 총칼로리는 줄지 않는다.

그는 물을 마시는 것 또한 강조했는데 하루에 2L 이상의 물을 마실 것을 권했다. 부족한 비타민C의 보충을 위해서 채소와 과일의 섭취, 그리고 비타민C가 많은 감잎차를 추천했다. 또한 척추 건강을 위해 바닥이 딱딱한 곳에서 자기를 권했고 딱딱한 나무로 된 베개를 권했다. 그 외 붕어운동, 모관운동, 합장합척운동, 등배운동을 통해서 척추 건강에 힘쓰도록 했다. 그는 암 환자들에게는 적극적으로 권하지는 않았지만 단식도 치료의 수단으로 사용했다. 니시요법은 지금도 우리나라에서 응용하는 건강법 중 하나다. 하지만 혼자 실행하기가 쉽지 않고 합숙을 통해 제대로 된 방법을 배워야 하는 건강법이다.

2007년에 변화경영연구소와 인연이 닿은 적이 있다. 그곳에서 진행하는 '나를 찾아 떠나는 여행'이라는 프로그램에 참여하면서 다시 단식을 접하게 되었다. 돌아가신 구본형 선생이 진행하던 프로그램이었는데 '우리는 어제보다 아름다워지려는 사람을 돕는다'는 모토 아래 무료 개인 대학을 열어서 후배들을 키웠고 평범한 직장인이 자기 안에 숨어 있는 무한한 잠재력을 발견하여 자신다운 인생을 살 수 있도록 프로그램을 진행했다. 그중 단식 프로그램은 자발적으로 신청한 사람들이 2박 3일 동안 '자신'과 대면하는 시간을 가지는 것이었다. 전국에서 모인 아홉 명의 참가자와 조교까지 총 열 명이 모여 합숙을 했다. 첫날에는 레몬을 짜서 레몬물을 만들어 마시고 그 뒤에는 식사 대신 포도를 규칙적으로 조금씩 먹으면서 단식을 했다. 마지막 날은 각종 채소를 넣고 들깨가루와 죽염 등을 이용해서 영양죽을 끓여서 먹었다.

단식을 하면서 식사 시간이 절약됐고 그 시간 동안 자신을 돌아보는 기회를 가졌다. 하지만 3일간의 단식 후 이전의 식사 습관으로 돌아와 버렸고, 결국 장기적으로 도움은 되지 않았다. 게다가 건강에 무리가 갈 수도 있기 때문에 제대로 하고 싶다면 전문가의 도움이 필요하다.

제대로 단식을 경험할 수 있는 기회는 다시 찾아왔다. 2011년 서울대학교 보완통합의학연구소에 있을 때 〈KBS 생로병사의 비밀〉 제작팀에서 연락이 온 것이다. 서울대학교 보완통합의학연구소에서 〈클린Clean〉

이라는 책을 감수했는데 당시 객원연구원으로 활동을 했던 터라 프로그램을 진행해달라는 요청을 받았다. 21일 동안 제거식이요법을 이용한 해독 프로그램을 시행하는 내용이었다. 참가자들과 3박 4일 동안 함께 지내며 자연스럽게 참가자들이 먹는 식사를 함께하게 되었다. 큰 기대 없이 시작한 클린 프로그램은 3주를 무리 없이 채웠고, 놀라운 변화를 경험할 수 있었다. 그 결과는 국민건강보험공단의 건강검진 결과에 잘 나타나 있다. 디톡스 기간은 2011년 4월 28일부터 3주간 진행했고, 건강검진일은 2011년 10월 26일이었으니 6개월간 체중, 허리둘레, 혈압, 콜레스테롤 수치 등을 잘 유지하고 있었던 것이다.

몸무게는 21일 동안 3kg 정도 줄었지만 그 뒤로 3개월간 신장 대비 이상적인 체중에 도달하기 위해서 7kg을 감량했다. 허리둘레도 2010년 대비 3cm 정도 줄었다. 혈압은 높은 정상혈압에서 110/70으로 정상 수치로 돌아왔다. 공복 시 혈당도 낮아졌고 총콜레스테롤이 210에서 178으로 감소했으며 좋은 콜레스테롤인 HDL은 48에서 53으로 증가, 나쁜 콜레스테롤인 LDL은 140에서 106으로 감소했다. 중성지방은 111에서 91로 줄었고 간 기능의 척도이자 몸 안의 환경오염물질을 간접적으로 반영하는 감마지티피r-GTP는 36에서 25로 낮아져서 전반적으로 좋은 결과를 가져왔다.

한동안 이 몸무게로 지내는 것이 편하고 좋았다. 평소에 입던 바지가 커져서 수선하는 곳에 가서 허리를 줄여서 입었다. 식사를 하더라도 어떻게 하는 것이 체중 조절에 도움이 되는 지를 알기 때문에 스스로 조절할 수 있었다. 외식을 할 때도 내 몸에 맞는 음식을 골라서 적당히 먹

〈일반건강검진 결과 통보서〉

성명	정양수	주민등록번호	******-*******	건강진단장소	내원 (출장)
건강검진일	2011년 10월 26일	사업장명(기호)			

진찰	과거병력	무	진단여부	무	외상 및 후유증	무
			약물치료여부	무		
	생활 습관	양호		일반상태	양호	
구분	목표질환	검사항목	결과		참고치	
			2011년	2010년	정상A (양호)	정상B (경계)
계측검사	비만	신장	169cm	169.3cm		
		체중	62kg	68.9kg		
		허리둘레	75cm	78cm	남: 90 미만 여: 85 미만	
		체질량지수	21.7kg/m²	24kg/m²	18.5-24.9	18.5 미만 / 25-29.9
	시각이상	시력(좌/우)	1.2 / 1.2	1.2 / 1.5		
	청각이상	청력(좌/우)	정상 / 정상	정상 / 정상		
	고혈압	혈압(최고/최저)	110/70 mmHg	131/89 mmHg	120 미만 /80 미만	120-139/80-89
요검사	신장질환	요단백	음성	음성	음성	약양성±
혈액검사	빈혈	혈색소	15.8g/dL	15.5g/dL	남: 13-16.5 여: 12-15.5	남: 12-12.9 여: 11-11.9
	당뇨병	공복혈당	74mg/dL	86mg/dL	100 미만	100-125
	고혈압 이상지지혈증 동맥경화	총콜레스테롤	178mg/dL	210mg/dL	200 미만	200-239
		고밀도콜레스테롤	53mg/dL	48mg/dL	60 이상	40-59
		트리글리세라이드	91mg/dL	111mg/dL	100-15 0미만	150-199
		저밀도콜레스테롤	106mg/dL	140mg/dL	130 미만	130-159
	만성신장질환	크레아티닌	0.9mg/dL	0.9mg/dL	1.5 이하	-
	간장질환	AST(SGOT)	24IU/L	24IU/L	40 이하	41-50
		ALT(SGPT)	22IU/L	24IU/L	35 이하	36-45
		감마지티피	25IU/L	36IU/L	남: 11-63 여: 8-35	남: 64-77 여: 36-45
영상검사	폐결핵, 흉부질환	흉부방사선검사 PACS	정상	정상	정상, 비활동성	-
소견 및 조치사항		이상지질혈증 관리 식이요법 요망				

을 수 있었다. 물론 3주간 제거식이요법을 지키는 기간에는 가능한 외식을 하지 않고 도시락의 힘을 빌렸다.

다른 참가자들의 검사를 보니 다이옥신의 혈중농도가 줄어든 것도 확인할 수 있었다. 참가자들은 주로 20~50대로 20대는 단식의 필요성을 절실히 느끼지 못했기 때문에 실행력이 떨어졌다. 하지만 나이가 있는 분들은 열심히 실행했고 좋은 결과를 얻을 수 있었다. 체지방이 줄었고 알레르기, 피부 상태, 입안 염증 소견까지 좋아졌다.

이때의 인연으로 지금까지 이 해독 프로그램을 진행하고 있다. 강의와 함께 직접 요리를 하는 수업으로 때로는 2박 3일, 3박 4일간 숙박을 하면서 운동하는 방법, 명상하는 방법까지 함께 진행했다. 몇 번의 진행을 통해서 자신이 먹을 것을 스스로 만들고 경험한 사람이 성공 확률이 높다는 것을 알았다. 단순히 강의만 듣는 것보다는 체험을 통한 실습 교육이 성공 확률이 높았다. 하지만 세월이 흐르면서 내 몸무게는 원래대로 복귀되었다. 1년에 2회, 3주간의 실천은 건강에는 분명 도움을 주지만 일상으로 복귀한 뒤 유지하는 방법을 찾아야 하는 숙제가 생겼다.

하지만 제거식이요법에 바탕을 둔 디톡스 프로그램은 기존의 복잡한 단식보다 많은 장점을 가지고 있다. 자신에게 맞지 않은 음식을 가려낼 수 있고 평소 앓고 있던 면역질환이 좋아지는 것도 눈으로 확인할 수 있었다. 류마티스 관절염으로 고생하는 분들도 면역 기능이 균형을 이루면서 증상이 좋아지는 것을 확인했다. 고혈압, 당뇨병, 이상지질혈증 등의 만성질환도 개선되는 효과를 보았다. 2013년 KBS 〈생로병사의 비밀-내 몸에 독이 쌓인다〉라는 프로그램을 진행하며 한 번 더 디톡스 프로그램을 체험했고 참가자들은 마찬가지의 결과를 얻었다.

다양한 단식을 통해서 깨달은 바는 단식은 어떤 방식이든 사람들이 쉽게 접근할 수 있고 또 일상에서 지속할 수 있어야 한다는 것이다. 효과는 좋지만 혼자서 따라 하기 어렵거나 지나치게 힘든 단식은 성공 확률이 떨어질 수밖에 없다. 특히 오랜 기간을 지속하는 단식은 준비와 회복에 세심한 주의를 기울이지 않으면 몸을 상하게 만들고 나아가 일상생활을 하면서 실천하기가 힘들다. 단식은 바로 음식을 끊는 것이 아니라 몸이 적응할 수 있도록 준비 과정을 거쳐야 한다. 만약 5일 단식을 계획한다면 시작 전 5일 동안 음식을 조금씩 줄이는 감식 기간이 필요하고, 단식 후 5일 동안은 음식을 조금씩 늘려가는 시간이 필요하다. 총 15일이라는 시간이 필요한 것이다.

감식이나 보식 기간을 제대로 지키지 않으면 몸이 더 안 좋아지는 경우도 있다. 단식은 사흘쯤 지날 때가 제일 힘들다. 하루 이틀은 버티는데 사흘이 되면 음식이 너무 먹고 싶고 배가 고프다. 일상적인 일을 수행하기 힘들 정도다. 특히 육체노동자는 더욱 힘들다. 만약 고도의 집중을 요구하는 일이라면 사고가 날 수도 있다. 누군가는 단식을 하면 몸이 더 편해진다고 하지만 일상생활을 하면서 굳이 단식을 이어가라고 권하지는 않는다. 일상생활을 하지 않는다면 가능할지 몰라도 일상생활을 하면서는 단식이 무척 힘들다. 그래서 단식은 마음을 단단히 먹고 준비해서 실천에 옮겨야 한다. 아니면 단식원을 찾는 것이 낫다. 나 역시 단식의 효과를 최대한 살리면서 일상생활에서 할 수 있는 방법을 찾아내는 것이 늘 숙제였다. 지난 8년간 진행해온 디톡스 프로그램도 답이 될 수 있다. 하지만 실천이 쉬우면서 단기간에 큰 효과를 볼 수 있는 방법은 바로 장수연구소를 이끌면서 식이요법에 대해 오랫동안 연구한 발터 롱고 박사의 단식 모방 다이어트, 즉 FMD다.

참고자료

1 〈Gamma-lutamyltransferase and Diabetes-a 4 Year Follow-up Study〉, Lee DH, et al, Diabetologia, 2003

⑦

다양한 종류의 단식

단식에는 여러 가지 방법이 있다. 우선 무엇을 먹는지, 얼마나 하는지에 따라 나눌 수 있다. 무엇을 먹는지에 따라 나눈다면 입으로 먹는 모든 것을 제한하는 단식부터 물만 마시는 단식, 포도 등 특정 음식만 먹는 단식, 효소를 먹는 단식, 채소를 갈아서 먹는 단식 등이 있다. 인체를 혹사시키며 물까지 제한하는 완전 단식은 3~7일 정도, 즉 일주일이 한계다. 완전 단식은 위험하기 때문에 추천하지 않는다.

완전 단식이 아닌, 물만 마시는 단식이라면 지방축적량에 따라 다르지만 30일 이상을 버티는 사람도 있다. 하지만 사람마다 체력과 신체 상황이 다르기 때문에 한 달 이상 진행할 예정이라면 반드시 건강 상태를 주기적으로 체크해야 한다. 약간의 염분을 섭취하면서 물 이외의 모든 음식과 음료를 제한하는 단식은 정치적 목적으로 주로 이용되며 치료를 위해서는 잘 하지 않는다.

한 종류의 과일이나 채소만을 먹는 원푸드 다이어트도 있다. 주로 포도, 레몬, 토마토, 사과, 양배추, 파프리카, 바나나, 고구마 등을 먹는데, 일시적으로 살을 뺄 수는 있지만 이 방법으로 건강해질 수는 없다. 요요현상 또한 피할 수 없다. 이를 대체하기 위해 비타민, 미네랄, 효소 등 몸에 유용한 작용을 하는 과일과 채소를 이용해 과채주스를 만들어 마시는 방법도 유명하다. 특히 암과 같은 병을 치료하는데 도움을 주는 거슨요법(1920년대 막스 거슨 박사Dr.Max Gerson에 의하여 창안되었다. 신체의 질병은 독소나 몸의 불균형에 의해서 일어나며 그것을 제거하는 것을 중요하게 생각하는 치료법)에서도 과채주스를 사용한다. 독일인 의사 막스 거슨은 극심한 편두통으로 고생을 했는데 편두통을 일으키는 특정 음식을 조절하는 식이요법을 통해 편두통을 극복했다. 또한 당시에는 불치병으로 분류됐던 피부결핵을 식이요법으로 치료하고자 했고 말기 담도암 환자에게도 도움을 주었다. 그는 나중에 미국으로 이주해서 본격적으로 암환자 치료에 식이요법을 적용했다. 막스 거슨은 하루에 열세 잔 정도의 과채주스를 마시라고 추천했고 체내의 독소를 배출하는 방법으로 커피관장을 권했다. 단순히 물만 먹는 것보다 훨씬 좋은 효과를 가져온다고 주장했다. 하지만 기존 의학계의 반발도 만만치 않았다. 서양의 거슨 요법이나 동양의 니시요법은 채소와 과일을 적절하게 이용한다. 원푸드 다이어트처럼 영양을 무시한 것이 아니라 영양학적으로 균형을 이루고자 노력한 것이다.

단식은 무엇을 먹느냐도 중요하지만 얼마나 하는지 또한 중요하다. 짧게는 12시간, 24시간부터 길게는 36시간, 48시간, 3일 이상으로 구분할 수 있다. 3일 이상의 단식을 장기 단식이라 한다. 12시간 공복을 유지하는 12시간 단식은 하루 세 끼를 제시간에 챙겨 먹고 야식을 먹지 않는다면 자연스럽게 실천하게 된다.

우리 몸은 음식으로 공급되는 탄수화물을 줄이면 몸 속에 저장되어 있는 지방을 에너지원으로 활용한다. 이 시점을 대사전환(Metabolic Switch)이라고 부른다. 대사전환은 포도당을 에너지원으로 이용하던 방식이 저장된 지방을 분해하여 에너지원으로 사용하는 방식으로 전환되는 것을 말한다. 사람에 따라 차이가 있지만 보통 20시간 공복 상태를 유지하면 인슐린이 저하되고 지방을 에너지원으로 사용한다. 인슐린 저항성이 있는 경우라면 저녁 식사 후 12시간의 공복으로는 인슐린 수치가 떨어지지 않아서 지방 분해가 잘 이루어지지 않는다. 이때 야식을 먹으면 인슐린 저항성이 더욱더 높아진다. 이 경우는 12시간 이상, 즉 16시간, 24시간까지 공복 시간을 늘려야 대사전환이 일어난다. 이처럼 주기적으로 16시간, 24시간 동안 공복 상태를 유지해서 지방 분해를 유도하는 방법이 간헐적 단식이다. 당뇨병이 심한 정도에 따라서 24시간 이상, 36시간, 2일, 3일 동안 공복을 유지하는 방법도 사용하지만 장기 단식을 하려면 의사의 도움을 받아야 한다. 특히 당뇨약을 처방받고 있다면 반드시 의사에게 단식을 해도 괜찮은지 확인해야 한다. 간혹 특정한 당뇨약을 복용하면서 단식을 하면 저혈당에 빠질 수 있어서 위험하기 때문이다.

정상 체중을 유지하고 당뇨병(당뇨 전 단계 포함)이나 고혈압, 고지혈증 등의 질병이 없다면 규칙적으로 12시간 공복을 유지해도 특별한 문제는 없다. 저녁을 먹고 다음 날 아침까지 숙면을 취하고 12시간 공복을 지키는 것이다. 물론 규칙적인 운동은 필수다. 하지만 고지혈증, 당뇨병 등이 있거나 그 위험이 있는 경우, 비만이나 과체중이 있는 경우는 16시간 이상 공복을 유지하는 16:8 간헐적 단식을 하거나, 일주일에 2회 정도 24시간 공복을 유지하는 5:2 단식을 하는 것이 좋다. 16:8 간헐적 단식 외에도 14:10, 18:6, 20:4 등 다양한 단식 방법이 있다. 시간은 자신의 몸 상태에 따라 조절하면 된다. 5:2 간헐적 단식을 하더라도 자신의 생활 패턴에 따라 주말에 24시간 단식을 할 수 있고 주중에 할 수도 있고, 2일 연속으로 할 수도 있고 분리해서 하루씩 할 수도 있다. 가장 중요한 것은 주기적으로 공복을 유지하는 것이다. 좀 더 자세히 설명하면 다음과 같다.

가장 쉬운 방법은 16:8 간헐적 단식이다. 16시간 공복을 유지하는 것이다. 저녁을 굶거나 아침을 굶는 두 가지 방법이 있다. 저녁형 16:8 간헐적 단식은 일주일에 14끼를 먹는다. 오전 11시에 점심 식사를 한다면 저녁 7시 이전에 식사를 마친다. 아침을 굶는 직장인들이 점심을 12시에 먹는다면 저녁을 8시 전에 마치는 방법이다. 하지만 일반적으로 우리는 야식을 많이 먹기 때문에 16시간 공복을 유지하는 것은 쉽지 않다. 또 퇴근을 하고 저녁을 먹는다면 저녁 식사 시간이 더 늦어질 수 있다. 저녁을 과식하고 술까지 곁들인다면 섭취량이 너무 많아진다. 그래서 저녁형을 선택한다면 늦어도 저녁 8시 이전에 식사를 마쳐야 한다.

〈16:8 아침형-14끼〉

	아침	점심	저녁
월	○	○	
화	○	○	
수	○	○	
목	○	○	
금	○	○	
토	○	○	
일	○	○	

〈16:8 저녁형-14끼〉

	아침	점심	저녁
월		○	○
화		○	○
수		○	○
목		○	○
금		○	○
토		○	○
일		○	○

저녁형보다 아침형 또는 늦은 아침형인 오전 9시에서 오후 5시 사이에 식사를 하는 것이 생체리듬에 맞기 때문에 더 좋다. 밤늦게 야식을 먹고 불규칙한 생활을 하던 이들이 건강한 생체리듬에 맞춰 식사를 하면 수면의 질이 좋아지고 근육 기능이 향상되고 내분비 기능, 간 기능, 인지 기능, 심혈관 기능, 혈압 등이 좋아진다. 하지만 생체시계가 고장나면 수면의 질이 떨어지고 당뇨병이 생기고, 지방간, 고혈압, 심혈관질환 등의 위험이 더 높아진다.

다음은 5:2 간헐적 단식이다. 일주일에 2회 정도 24시간 단식을 하는 방법이다. 주중에 2일을 해도 되고 주말을 이용해도 된다. 연속으로 해도 되고 간격을 줘도 된다. 주중에는 회사에 다니기 때문에 실천하기 쉽

〈5:2 아침형-17끼〉

	아침	점심	저녁
월	○	○	○
화	○		
수	○	○	○
목	○	○	○
금	○		
토	○	○	○
일	○	○	○

〈5:2 저녁형-17끼〉

	아침	점심	저녁
월	○	○	○
화			○
수	○	○	○
목	○	○	○
금			○
토	○	○	○
일	○	○	○

지 않다면 주말을 이용하고, 주말에 가족들과 함께 식사를 해야 한다면 주중에 2일 정도 실천하면 된다. 자신의 생활 패턴에 맞춘다. 주중에 한 번, 주말에 한 번만 해도 상관없다. 적어도 일주일에 두 번은 24시간씩 단식을 하면서 공복 시간이 주는 혜택을 누리면 되는 것이다.

아침형 5:2 간헐적 단식은 일주일에 17끼를 먹는다. 단식하는 날에는 아침만 먹고 24시간 뒤인 다음 날 아침을 먹는 방식이다. 주말을 이용한다면 토요일은 아침만 먹고, 일요일도 아침만 먹고 다시 월요일은 정상적인 식사로 돌아가면 된다. 하지만 술을 즐기는 사람들은 실천하기 쉽지 않을 것이다. 저녁형 5:2 간헐적 단식은 저녁만 먹고 다음 날 저녁 때까지 굶는 방법이다. 주말을 이용한다면 금요일에 저녁을 먹은 뒤 토

〈16:8+5:2 아침형-12끼〉

	아침	점심	저녁
월	○	○	
화	○		
수	○	○	
목	○	○	
금	○		
토	○	○	
일	○	○	

〈16:8+5:2 저녁형-12끼〉

	아침	점심	저녁
월		○	○
화			○
수		○	○
목		○	○
금			○
토		○	○
일		○	○

〈4:3-15끼〉

	아침	점심	저녁
월	○	○	○
화			○
수	○	○	○
목			○
금	○	○	○
토			○
일	○	○	○

〈16:8+24시간 단식-11끼〉

	아침	점심	저녁
월		○	○
화			○
수		○	○
목			○
금		○	○
토			○
일		○	○

요일은 아침, 점심을 굶고 저녁을 먹으면 된다. 일요일도 마찬가지로 저녁만 먹는다. 월요일부터 일상으로 돌아간다. 단점은 저녁에 폭식을 할 수도 있다는 것이다. 간헐적 단식을 할 때 폭식은 몸에 부담이 된다. 생체리듬에 맞춰서 적당한 식사를 해야 한다.

16:8 간헐적 단식과 5:2 간헐적 단식을 조합하는 방식도 있다. 기본적으로 하루 두 끼를 먹고 일주일에 2회 정도는 한 끼만 먹는 방식이다. 16:8+5:2 간헐적 단식은 일주일에 12끼를 먹는다. 현실적으로 아침형보다 저녁형을 더 선호한다.

24시간 단식을 주 3회로 늘리는 것은 4:3 간헐적 단식이다. 24시간 단식을 3회로 늘리는 것이기 때문에 5:2 단식보다 단식의 기간이 길다. 일주일에 15끼를 먹게 된다.

16:8 간헐적 단식을 하면서 24시간 단식을 이틀에 한 번씩 하는 단식도 있다. 이 경우는 일주일에 11끼를 먹는다.

〈하루 먹고 하루 굶기-12끼〉

	아침	점심	저녁
월	○	○	○
화			
수	○	○	○
목			
금	○	○	○
토			
일	○	○	○

〈16:8＋하루 먹고 하루 굶기-8끼〉

	아침	점심	저녁
월		○	○
화			
수		○	○
목			
금		○	○
토			
일		○	○

다음은 하루는 먹고 하루는 굶는 간헐적 단식법이다. 24시간 단식이 아니라 36시간 단식을 하루 걸러서 하게 된다. 단식 시간이 늘어나는 것이다. 일주일에 총 12끼를 먹기도 하고 9끼를 먹기도 한다. 2주 단위로 계산한다면 총 21끼를 먹는다.

다음은 16:8 간헐적 단식을 하면서 하루는 먹고 하루는 굶기 때문에 단식 시간이 48시간으로 늘어난다. 그래서 일주일에 6끼나 8끼를 먹을 수도 있다.

1일 1식 간헐적 단식은 익숙할 것이다. 아침형 1일 1식 간헐적 단식은 매일 24시간 단식을 하는 것이다. 물론 점심 식사만 하는 1일 1식도 있다. 일주일에 7끼만 식사를 한다. 1일 1식은 아침형보다 저녁형을 선

〈1일 1식 아침형-7끼〉

	아침	점심	저녁
월	○		
화	○		
수	○		
목	○		
금	○		
토	○		
일	○		

〈1일 1식 저녁형-7끼〉

	아침	점심	저녁
월			○
화			○
수			○
목			○
금			○
토			○
일			○

호하는 사람이 많을 것이다. 저녁 식사만 한 끼 먹는 것이다. 무엇보다 1일 1식은 생활이 복잡하지 않고 단순하다. 직장인이라면 점심시간을 확보할 수 있어서 그 시간에 운동을 하거나 책을 보는 등 개인 시간을 가지면 좋다.

간단하게 열두 가지의 간헐적 단식 방법을 소개했다. 물론 간헐적 단식은 더 다양하다. 어떤 방법이 가장 좋은지는 확신할 수 없지만 각자에게 맞는 방식은 분명히 있을 것이다. 조삼모사朝三暮四와 조사모삼朝四暮三은 같지만 다를 수도 있다. 원숭이가 똑똑하게 자신에게 맞는 방식을 선택할 수 있는 것이다. 사람마다 몸 안에서 일어나는 대사전환이 다르기 때문이다. 그리고 각자가 선호하는 생활 방식이 다르다. 그래서 자신만의 방법을 찾는 것이 중요하다. 체지방 측정과 혈액검사 등을 통해 혈당 수치, 케톤 수치, 인슐린 저항성 등을 알아낼 수 있다. 또한 간헐적 단식을 할 때 식사 일기를 쓰면 자신에게 일어나는 변화를 더욱더 잘 살필 수 있다.

참고자료

1 〈Flipping the Metabolic Switch: Understanding and Applying the Health Benefits of Fasting〉, Anton SD, Moehl K, Donahoo WT, Obesity(Silver Spring), 2018

2 〈Circadian Rhythms, Time-Restricted Feeding, and Healthy Aging〉, Emily NC Manoogian, Satchidananda Panda, Ageing Res Rev, 2017

⑧

FMD란?

70여 년 전 지질가설(Lipid Hypothesis)로 유명한 생리학자 안셀 키즈 Ancel Keys 박사는 1945년 제2차세계대전이 끝날 무렵 기아 체험 실험을 진행했다. 대상자는 양심적 병역 거부자 36명이었다. 이 실험의 정확한 명칭은 미네소타 기아 실험(Minnesota Starvation Experiment)이다. 이 실험의 목적은 인간의 굶주림에 대해서 연구하고, 전쟁이 끝난 뒤 기아를 겪고 있는 사람들에게 어떤 방법으로 접근할지를 모색하기 위한 실험이었다.

참가자들은 첫 12주 동안 3,200kcal의 정상적인 식사를 했다. 물론 일상적인 노동과 가벼운 운동을 했다. 이 기간은 얼마나 먹어야 체중이 유지되는지를 확인하는 기간이었다. 그다음 24주 동안은 평상시 열량의 절반인 1,560kcal를 섭취하는데 하루에 두 끼를 먹었으며 주로 고탄수화물 채식 식단이었다. 하루에 5km를 걸었고 90분간 유산소 운동을 했다. 체중 감소의 목표는 25%였다. 실제로 체중은 25% 감소했고 근육은 40% 감소했다. 다음 12주 동안은 회복 과정을 거쳤다.

기아 체험 동안 대부분의 사람들이 몸과 함께 정신 상태까지 변했다. 기아 상태가 지속되면서 우울증, 히스테리, 건강염려증이 증가했고 심한 정신적인 고통과 성욕 감퇴도 호소했다. 체온이 떨어지고 호흡 및 심장 박동이 감소했다. 자발적인 단식이 아니라 강제적인 단식을 통해 기아를 체험하면서 부작용이 나타난 것이다. 미네소타 기아 실험은 기아에 대한 인체의 적응력을 알아보고, 제2차세계대전 기간에 굶주리는 수백 만의 유럽 사람들, 특히 전쟁 때문에 영양실조로 고통을 받는 사람들의 문제를 해결하기 위해서 실시했지만 지금이라면 윤리적인 문제 때문에 시도조차 하지 못했을 일이다.

간헐적 단식의 효과를 최대한 살리기 위해서는 16시간, 24시간, 48시간 동안 굶어야 하지만 실천하기 힘들어하는 사람이 많다. 음식을 먹으면서, 굶지 않고도 단식의 효과를 살리는 식이요법은 없을까? 먹고 있지만 몸은 단식을 하는 것으로 착각할 수 있는 방법이 과연 효과가 있을까?

이에 대해 연구해오고 있는 사람이 이탈리아 출신의 발터 롱고Valter Longo 박사다. 롱고 박사는 타임지가 선정한 영향력 있는 건강전문가 50인에 선정된 미국 남캘리포니아대학(University of Califonia David School of Gerontology) 교수이자 동대학 장수학연구소(Longevity Institute) 소장이다. 그는 27년간 장수학과 건강한 식이요법에 대해 연구하고 있다. 게다가 비영리 단체인 발터롱고재단(Valterlongo Foundation)을 만들어서 현대인이 겪는 만성질환의 치료와 예방, 건강한 장수법에 대해 연구하고 개발하는 것을 지원하고 있다.

그가 연구한 결과가 바로 '건강 수명을 늘리는 식이요법'이며, 여기에서 한 발 더 나아가 노화를 막고 건강 향상과 수명 연장을 돕기 위한 단식 모방 다이어트, FMD Fasting Mimicking Diet를 개발했다.

롱고 박사는 먹는 음식의 종류뿐만 아니라 탄수화물, 단백질, 지방 등의 구성 비율과 칼로리를 조절한 FMD를 적어도 한 달에 5일 동안 주기적으로 실천할 것을 권한다. 사람에 따라서 5일 동안의 FMD를 1년에 2회에서 12회 정도 실행하면 된다. 짧은 기간이지만 손상된 세포를 제거하고 줄기세포를 활성화시키고 건강한 세포로 새롭게 재생시키는 데 도움을 준다는 것이다. 단식의 단점인 면역 기능 저하, 추위에 잘 견디지 못하고, 상처 치유가 잘되지 않는 등의 부작용까지 줄일 수 있다.

롱고 박사가 FMD를 통해 암, 심혈관질환, 당뇨병, 비만, 퇴행성신경질환인 치매, 자가면역질환이 나아진다고 주장하게 된 이유는 의학적인 연구에 기반을 두고 있기 때문이다. 건물을 지을 때 제일 중요한 것은 기둥이다. 기둥이 부실하면 건물은 무너져 내린다. 튼튼한 집을 지으려면 다섯 개의 기둥을 단단하게 세워서 집을 지어야 한다. 이 다섯 개의 기둥은 기초 연구(Basic Research/Juventology), 역학 연구(Epidemiology), 임상 연구(Clinical Study), 백세 장수 연구(Centenarian Study), 복합적인 시스템에 대한 이해(Studies of Complex Systems)라고 롱고 박사는 주장한다.

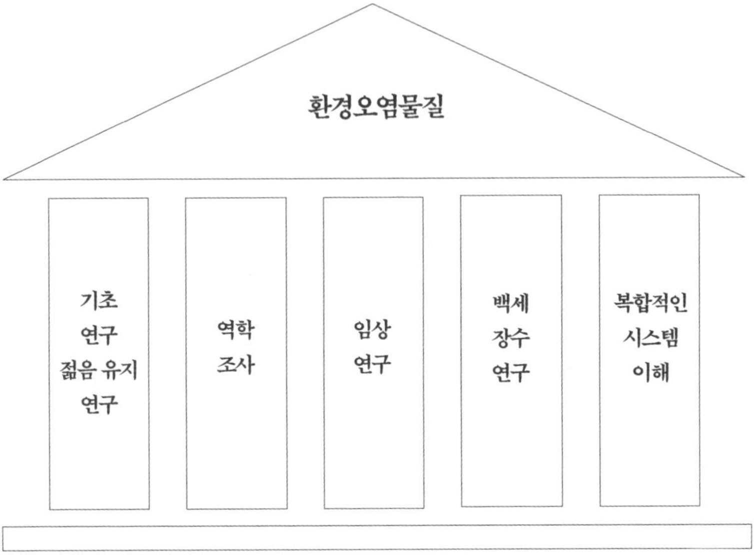

첫 번째 기둥은 기초 연구다. 우리 몸을 구성하는 기본 영양소들이 세포 기능과 노화에 어떤 영향을 미치는지 살펴보고 효모균, 쥐 등의 동물실험을 통해서 증명하는 과정이다. 기초 연구를 통해 사람에게 어떻게 적용시킬지 살펴보게 된다. 물론 동물실험에서 적용된 방법이 사람에게 그대로 적용되지 않는 경우도 있다. 그리고 노인학(Gerontology)에 기초를 두고 연구한 방법을 뛰어넘어서 젊어지는 방법(Juventology)을 연구한다. 노인학으로 접근하는 방법과의 차이점은 질병에 초점을 맞추지 않고, 최적의 건강 상태를 유지하는데 초점을 맞추는 것이다.

두 번째 기둥은 역학 조사다. 식이요법에 대한 많은 연구는 기본 설문 조사와 통계 자료를 기반으로 어떤 생활 습관을 가진 사람이 더 건강하게 사는지, 사망률이 높은지 등을 살펴보는 방법이다. 단면적 연구 방법, 환자 대조군 연구, 코호트 연구 등을 통해서 발표된 내용을 살펴보는 것이다. 과거의 생활 습관을 살펴보고 결론을 얻는 방법도 있고, 앞으로 추적 관찰하면서 어떤 질병에 노출되는지 등을 관찰하는 방법이 있다. 역학 조사는 세 번째 기둥인 임상 연구의 기반이 된다.

세 번째 기둥은 임상 연구다. 임상 연구는 동물실험과 같은 기초 연구 과정과 역학 조사를 통해 세운 가설을 임상 실험으로 증명해내는 과정이다. 만약 FMD가 쥐 실험에서 증명되었다면 사람을 대상으로 시행해서 실제로 FMD를 실천한 그룹과 하지 않은 대조군을 비교하는 연구다. 무작위대조군실험연구(Randomized Controlled Clinical Trial)는 무작위로 실험군과 대조군을 나눠서 증명하고자 하는 것을 실험군에게만 적용시켜서 효과를 검증하는 방법이다. 사람을 대상으로 한 임상 연구에서 나온 결과가 첫 번째, 두 번째 기둥인 기초 연구와 역학 조사를 확실하게 뒷받침해준다면 효과를 인정해주는 것이다.

네 번째 기둥은 백세 노인을 연구하는 것이다. 백세 노인을 연구하는 이유는 사람이 늙고 병들어 죽을 때까지 계속 임상실험을 할 수 없으므로 백세 노인을 대상으로 심층 인터뷰를 통해서 장수의 이유를 밝히는 것이다. 복합탄수화물이 좋다는 결과가 나왔다면 백세 노인들이 복합탄수화물을 먹고 있는지 등을 조사한다.

다섯 번째 기둥은 인체라는 복합적인 시스템을 이해하는 과정이다. 이 과정을 통해서 음식으로 섭취된 영양소가 세포 손상, 노화에 어떻게 상호작용을 거치는지 밝힌다. 현명한 판단이 요구되는 기둥이다.

기초 연구, 역학 조사, 임상 연구, 백세 장수 연구, 복합적인 시스템을 이해하지 않고 선불리 판단하면 오류를 범할 수 있다. 엉뚱한 결론에 도달하는 것을 경계하기 위해서 다섯 가지 기둥을 세운 것이다. 이 가운데 하나만을 증명한다면 그건 장님이 코끼리를 만질 때 자신이 만진 부분이 코끼리의 전체적인 모습이라고 판단하는 것과 같다. 코끼리를 만져서 판단할 때 여러 부분을 만져보고 상상해보고 추정해서 코끼리의 원래 모습을 그려내야 하는 것과 같다.

치료를 하는 과정 또한 다양한 동물을 그리는 과정과 같을 수 있다. 코끼리를 그려야 될 수도 있고 원숭이를 그려야 될 수도 있다. 각각 동물들의 고유성을 살려서 그 동물을 그려야 한다. 우리가 알고 있는 한두 가지 이론이나 논문을 통해 도출된 결과를 진리라고 믿는 것은 잘못된 판단이다. 세상에는 건강을 이롭게 한다고 주장하는 각종 다이어트 방법과 음식, 건강법이 존재하고 사람들은 수많은 방법으로 자신의 몸을 실험한다. 하지만 그 방법을 생활 습관으로 만들 것인지 판단해야 된다. 잘못된 판단으로 몸을 망가뜨리면서 그것을 실천할 필요는 없다. 자동차를 고장 없이 오랫동안 잘 타기 위해서는 자동차의 복잡한 구조를 이해하고 때에 맞춰서 정비하는 과정이 반드시 필요하다.

FMD는 롱고 박사가 27년 동안 연구한 결과를 바탕으로 제시한 식이요법이다. 롱고 박사가 세운 기둥에 한 가지 기둥을 더한다면 환경오염물질이라는 기둥을 세우면 좋겠다. 어쩌면 그것은 기둥이 아니라 건물의 지붕이 될 수도 있다. 최근 몇십 년 동안 인류는 많은 문제를 해결했다. 과학의 발전으로 의학 또한 비약적인 발전을 했다. 하지만 편리해진 만큼 우리를 불편하게 만드는 것도 늘어나고 있다. 예전과 다르게 여기저기에서 환경오염물질과 식품 첨가물 같은 것을 접할 수밖에 없는 환경이 된 것이다. 의학저널에서도 환경이 인체에 끼치는 영향에 대해 끊임없이 발표한다. 우리 조상들이 전혀 먹지 못한 것을 우리는 직접적이든 간접적이든 섭취할 수밖에 없다. 그것으로 인해 조상에게는 없던 질병까지 발생한다.

참고자료

1 Minesota Starvation Experiment, Wikipedia

2 Valter Longo, Wikipedia.

3 발터롱고재단 https://valterlongo.co

4 〈SBS 스페셜-끼니반란〉, 2019

5 〈A Low-fat Vegan Diet and a Conventional Diabetes Diet in the Treatment of Type 2 Ddiabetes: a Randomized, Controlled, 74-week clinical trial〉, 1. Barnard ND, et al, Am J Clin Nutr, 2009

6 〈Periodic Diet that Mimics Fasting Promotes Multisystem Regeneration, Enhanced Cogntive Performance and Healthspan〉, Sebastian Brandhorst, In Young Choi, and Valter D. Longo, Cell metabolism, 2015

7 〈Programmed Longevity, Youthspan and Juventology〉, Valter D Longo, Aging Cell, 2019

8 〈The Longevity Diet〉, Valter D Longo, New York: Avery, 2018

9 〈Fasting-Mimicking Diet and Markers/Risk Factors for Aging, Diabetes, Cancer, and Cardiovascular Disease〉, Wei M1, Brandhorst S1, Shelehchi M1, et al, Sci Transl Med 2017

10 〈단식 모방 다이어트〉, 발터 롱고, 시공사, 2019

2장

FMD 이해하기

①

FMD는 무엇이 좋을까?

10여 년 전부터 의사들은 영양학에 관심을 가지기 시작했다. 의과대학에서 다루지 않는 영양학을 일부러 공부했다. 나 또한 한 달에 한 번씩 다른 의사들과 모여서 영양학을 포함해 치료에 필요한 것을 나누는 모임을 가지고 있다. '임상영양학교'라는 모임으로 각자 관심을 가지고 있는 분야를 연구해서 발표한다. 임상경험을 통해 치료한 사례도 나누고, 해외 학회에서 배운 지식을 공유한다. 롱고 박사의 FMD도 그 과정에서 알게 되었다. 무척 흥미로운 연구였고 환자들에게 적용해서 결과를 제시한 것이 특히 관심을 끌었다. 전 세계에 있는 수많은 의사들도 그의 연구 결과를 자신의 진료 영역에 적용하고 있었다.

평소 식이요법과 요리에 관심이 많았던 덕분에 FMD를 방송을 통해 소개할 기회가 있었다. 〈SBS 스페셜-끼니반란〉 프로그램 중 간헐적 단식에 대한 촬영에 참여하며 FMD 식단을 한국식으로 적용했다. 과연 FMD를 한국식으로 바꿔도 효과가 있을까? 내가 제안한 식단이 롱고 박사의 식단과 같은 결과를 가져올까?

〈SBS 스페셜-끼니반란〉 제작팀에서는 5일 동안 FMD 식단을 경험한 뒤 혈액검사와 체지방 측정 등을 해보자고 했다. 5일 동안 물만 먹는 단식과 5일 동안의 FMD를 비교해보는 것이 미션이었다. 방송에 소개된 두 명의 의사 부부가 도전하기로 했다. 5일 뒤 혈액검사와 체지방을 측정하고 케톤은 매일 측정하기로 했다. 남편인 비뇨의학과 원장 장진석이 FMD를, 아내인 마취통증의학과 전문의 이수영이 물 단식을 하기로 했다. 음식을 직접 만들어야 하기 때문에 장보기부터 가르쳤다. 성실히 배운 부부가 열심히 실천하는 장면을 보았고, 비록 5일 동안의 실천이지만 의미 있는 결과가 나왔다. 물 단식을 하던 아내는 결국 4일 만에 포기했다. 단식으로 인한 부작용 때문이었다. 하지만 FMD를 실천한 남편은 끝까지 무사히 마칠 수 있었고, 결과는 다음과 같다.

혈당 수치는 점점 떨어졌고 케톤 수치는 증가했다. 단식 기간에 혈당과 케톤 수치가 교차하는 소견을 보였다.

두 명 다 인슐린 수치는 떨어졌다. 인슐린 저항성을 볼 수 있는 검사인 HOMA-IR 검사에서도 감소한 소견을 보였다. 참고로 이 검사는 공복 시 인슐린 수치와 혈당 수치를 계산하는 것이다. 인슐린유사성장인자-1(IGF-1 수치, 성장호르몬GH의 평균 양을 간접적으로 측정하는 검사 방법으로 여러 장기에 있는 세포를 성장하게 만들면서 동시에 노화 및 암세포의 성장

〈이수영 - 물 단식〉

회차	날짜	공복 혈당	케톤	최고 혈압	최저 혈압	허리둘레 (cm)	체중 (kg)
1일차	12월 8일	91	0.1	109	76	68.5	52.1
2일차	12월 9일	50	3.2	104	64		
3일차	12월 10일	51	5.2	99	61		49.6
4일차	12월 11일	67	5.7	110	55		
5일차	12월 12일	70	6.2	104	66	64.5	48
6일차	12월 13일						

〈장진석 - FMD〉

회차	날짜	공복 혈당	케톤	최고 혈압	최저 혈압	허리둘레 (cm)	체중 (kg)
1일차	12월 8일	113	0.1	123	76	84	76.3
2일차	12월 9일	101	0.4	118	67		74.1
3일차	12월 10일	83	1.3	106	62		73.5
4일차	12월 11일	88	1.1	99	59		72.8
5일차	12월 12일	62	2.4	108	66		72.5
6일차	12월 13일	69	2.5	107	67	81.5	72.1

	이수영		장진석	
검사명	물 단식 전	물 단식 후	FMD 전	FMD 후
AST(SGOT)	20	29	16	23
ALT(SGPT)	14	21	17	22
감마지티피	16	21	15	11
총콜레스테롤 (mg/dL)	156	217	157	155
고밀도콜레스테롤 (mg/dL)	79	68	59	49
저밀도콜레스테롤 (mg/dL)	87	142	98	100
중성지방 (mg/dL)	66	176	72	103
요소질소	7.2	9.5	14.4	14.8
크레아티닌	0.57	0.9	0.71	0.85
B/C Ratio	12.6	10.6	20.3	17.4
공복혈당 (mg/dL)	80	50	100	67
고감도C반응단백 (mg/L)	0.04	0.05	0.06	0.05
공복인슐린 (μU/mL)	10.2	2.37	6.81	1.98
IGF-1	255.9	99.08	280.5	188.1
HOMA-IR	2.01	0.29	1.68	0.33
HOMA-β	216	-65.63	66.26	178.2

을 촉진하는 물질)도 감소한 소견을 보였다. 물 단식과 마찬가지로 FMD를 수행한 정진석도 똑같은 결과를 보였다. 하지만 혈액 내 콜레스테롤 및 중성지방검사는 기간이 짧아서인지 큰 변화는 없었다. 3개월 동안 세 번의 FMD를 더 진행한다면 의미 있는 변화가 있을 것이다. 체성분 분석을 통한 체중, 체지방, 근육의 변화는 다음과 같다.

두 사람 모두 체중이 줄었다. 체성분 분석을 보면 물 단식의 경우는

이수영		
체성분 분석	물 단식 전	물 단식 후
체중(kg)	52.1	48.6
근육량(kg)	22.3	20.6
체지방(kg)	10.6	10.2
체지방률(%)	20.40	20.90

장진석		
체성분 분석	FMD 전	FMD 후
체중(kg)	76.5	72.2
근육량(kg)	35.1	33.3
체지방(kg)	14.5	13.2
체지방률(%)	18.90	18.30

체지방이 줄어든 것보다 근육량이 더 많이 줄었기 때문에 오히려 체지방률은 늘었다. 그에 비해 FMD는 근육량은 줄었지만 체지방이 줄었기 때문에 체지방률이 줄었다. 만약 FMD를 하는 기간에 근력 운동을 같이 한다면 근육량의 손실 없이 체지방이 줄었을 것이다.

단식의 장점은 여러 연구를 통해 증명되었지만 단점도 있다. 특히 배고픔과 영양 불균형, 속 쓰림과 복통을 겪는 사람들이 많다. 하지만 일정 기간 동안 공복 상태를 유지하고 음식을 절제하는 일반적인 단식과 달리 FMD는 5일간 칼로리를 제한하는 방식이다. 그럼에도 일반적인 단식과 동일한 효과를 볼 수 있다. 자가포식 작용을 통해서 손상된 세포를 제거하고 줄기세포를 활성화시킨다. 생체 시스템을 새롭게 리모델링하는 것이다. 면역 기능이 향상되고 뇌신경 세포의 성장을 증가시킨다. FMD는 한 달에 5일간 실천하는 날 외에는 원하는 대로 식사를 할 수도 있다. 짧은 기간 동안 굶지 않고도 단식의 효과를 누릴 수 있는 것이다. FMD의 장점은 다음과 같다.

첫째, 체중 조절에 도움을 준다. 근육이 손실되지 않고 체중이 빠지고 체지방량이 줄어든다. 체중과 체지방 측정을 통해서 그 결과를 확인할 수 있다. 둘째, 혈당 수치를 낮춘다. 혈당 조절은 인슐린 저항성을 개선시켜서 당뇨병의 예방 및 치료에 도움을 준다. 공복 시 혈당과 인슐린 측정을 통해서 인슐린 저항성을 알 수 있다. 셋째, 콜레스테롤 수치를 떨어뜨린다. 콜레스테롤 수치는 혈액검사를 통해 알 수 있고, 총콜레스테롤, 중성지방, 고밀도콜레스테롤, 저밀도콜레스테롤로 나뉜다. 흔히 저밀도콜레스테롤은 혈관에 침착되어 동맥경화를 유발하는 '나쁜 콜레스테롤'이라고 하고, 고밀도콜레스테롤은 나쁜 콜레스테롤을 제거하는 역할을 하는 '착한 콜레스테롤'로 부른다. 콜레스테롤 수치에 이상 소견이 보이면 고혈압, 심장질환, 동맥경화, 뇌졸중의 발생 위험이 높아진다. 넷째, 혈압이 높았다면 혈압이 낮아진다. 혈압은 혈압기를 통해서 확인할 수 있다. 다섯째, 만성염증수치인 고감도C반응단백(hs-CRP) 수치가 좋아진다. 혈액검사를 통해서 확인할 수 있으며 심혈관질환, 심장마비, 뇌졸중의 잠재적 위험 수준을 확인하는 검사다. 혈관 건강의 척도로 이용한다. 여섯째, 인슐린유사성장인자가 감소한다. 이 수치는 암과 노화를 촉진하는지 확인할 수 있는 수치로 알려져 있다.

그 외 FMD를 통해 노화를 늦추고 뇌기능을 향상시키고 인지기능을 향상시키는 것이 동물실험 등을 통해 확인했다. 또한 현대인들이 많이 앓는 암, 심혈관질환, 당뇨병, 치매와 같은 퇴행성신경질환, 자가면역질환의 예방 및 치료에도 도움을 준다. 물론 비만 관리에도 좋다.

참고자료

1 〈Fasting-Mimicking Diet and Markers/Risk Factors for Aging, Diabetes, Cancer, and Cardiovascular Disease〉, Wei M1, Brandhorst S1, Shelehchi M1, et al, Sci Transl Med, 2017

②

FMD의 기본 이론과 원칙

롱고 박사는 건강하게 오래 살기 위한 아홉 가지 식단 원칙을 정했다. FMD 식단 또한 이를 기본으로 한다. FMD는 평소에는 일상적인 식생활을 유지하고 5일은 FMD에 맞춘 식사를 하면 된다. 장기간 단식의 힘든 점을 극복한 방법이며 단식과 비슷한 효과가 나타난다. 영양은 풍부하지만 칼로리를 어느 정도 제한한 방법이다. 칼로리를 제한했기 때문에 체중이 줄기는 하지만 오로지 체중 감량만을 목표로 FMD를 하는 것은 아니다. 체중 감량 이외에도 암, 심혈관질환, 당뇨병, 치매, 자가면역질환 등의 질병 예방 및 치료에 도움이 되고 건강한 사람은 건강을 유지할 수 있게 한다. 특히 건강에 빨간불이 켜졌다면 적극적으로 실천하기를 권한다. 아홉 가지 원칙은 다음과 같다.

적정 체중과 허리둘레를 확인하라

매일 체중과 허리둘레를 체크하는 것이 좋다. 키와 몸무게만 알면 체질량지수(Body Mass Index), 즉 BMI를 계산할 수 있다. BMI는 비만도를 나타내는 지수로 구하는 공식과 기준은 다음과 같다.

〈BMI 공식〉

$$\text{BMI} = \frac{\text{몸무게(kg)}}{\text{키(m)} \times \text{키(m)}}$$

구분	저체중	정상	과체중	경도비만	고도비만
BMI	18.5 이하	18.5~22.9	23~24.9	25~29.9	30 이상

남자는 허리둘레가 90cm 이상이면 비만이고, 여자는 85cm 이상이면 비만이다. 체중과 허리둘레는 비만인지 아닌지 쉽게 구분할 수 있는 기준이다. 하지만 키와 몸무게만으로 구한 체질량지수는 부정확할 수도 있다. 같은 몸무게라도 지방은 적고 근육이 많은 사람이 있고 근육은 적고 지방이 많은 사람도 있다. 근력운동을 많이 한 사람은 근육이 많고 지방이 적어서 체중은 많이 나가지만 비만이라고 하지 않는다. 거꾸로 저체중이라도 근육량이 표준 이하이며 지방이 많은 경우는 마른형 비만이라고 한다. 그래서 한 달에 한 번 정도 체지방을 측정하여 자신의 몸 상태를 확인하면 도움이 된다. 자신의 현재 상태를 먼저 파악하고 그

것을 기준으로 목표를 설정하면 된다. 체중, 허리둘레, 체지방은 FMD를 실천하는 중요한 나침반이 될 것이다.

페스코 채식을 하라

페스코 채식은 식물성 음식과 함께 해산물, 즉 생선을 먹는 채식 방법이다. 페스코 채식을 하기 위해서는 먼저 채식을 이해해야 한다. 채식은 동물성 식품은 피하고 채소, 과일, 곡류 등 식물성으로 구성된 음식을 먹는 것을 말한다. 그리고 이러한 식습관을 지키는 행위 및 신념을 채식주의라고 한다.

적당량의 단백질을 섭취하라

단백질은 근육 합성에 도움이 될 뿐만 아니라 생물체 내에서 일어나는 복잡한 화학반응을 일으키는 효소, 면역에 중요한 항체, 그 외 장기, 피부, 손발톱 등을 이루고 몇몇 호르몬도 단백질로 이루어져 있다. 단백질의 하루 섭취량은 체중 1kg당 평균 0.7~0.8g을 권한다. 우리 몸이 원하는 양을 섭취하되, 올바르게 섭취하는 것이 중요하다. 단백질 섭취량이 많으면 암과 만성질환에 영향을 미치고 노화를 촉진시키므로 적당량을 먹는 것이 좋다. 몸무게가 60kg인 성인이라면 42~48g 정도의 단백질이 필요하다. 필요한 단백질 양은 개인차가 있으므로 전문가의 도움을 구하도록 한다. 단백질을 보충할 때는 식물성 단백질인 콩과 견과류 등을 활용하고 동물성 단백질보다는 해산물을 추천한다. FMD는 일주일에 2~3회 어류를 권한다. 하지만 어류 중에서도 수은 함량이 높

〈채식의 분류〉

베지테리언Vegetarian	
비건Vegan	유제품과 동물의 알을 포함한 모든 종류의 동물성 음식을 먹지 않는다.
락토 채식Lacto Vegetarian	유제품은 먹는다.
오보 채식Ovo Vegetarian	동물의 알은 먹는다.
락토오보 채식Lacto-ovo Vegetarian	유제품과 동물의 알은 먹는다.
세미 베지테리언Semi-Vegetarian	
페스코 채식Pescetarian, Pesco-Vegetarian	유제품, 동물의 알, 해산물까지는 먹는다.
폴로 채식Pollo-Vegetarian	유제품, 동물의 알, 해산물, 가금류 같은 조류까지는 먹는다.
플렉시테리언Flexitarian	평소에는 채식을 하지만 경우에 따라서 육식의 섭취를 허용한다.
기타	
프루테리언Fluitarian	과일과 견과류의 열매와 씨앗 등 식물에 해를 끼치지 않는 부분만 먹는다.

	붉은 고기	가금류	해산물	동물의 알	유제품	채소	과일
프루테리언	×	×	×	×	×	×	○
비건	×	×	×	×	×	○	○
락토	×	×	×	×	○	○	○
오보	×	×	×	○	×	○	○
락토오보	×	×	×	○	○	○	○
페스코	×	×	○	○	○	○	○
폴로	×	○	○	○	○	○	○
플렉시테리언	△	△	△	△	△	○	○

은 참치, 황새치, 넙치, 서양 고등어 등은 피하고 신선도를 따져서 고르도록 한다. 특별히 운동을 하지 않는 경우에는 65세가 지나면 근육량이 감소하여 근육감소증(Sarcopenia)이 온다. 근육감소증으로 인해서 근육량이 소실되면 낙상과 골절의 위험이 있다. 그래서 근육 유지를 위해 달걀, 흰 살코기, 양, 염소에서 나온 우유, 치즈 등의 유제품으로 단백질 섭취량을 늘리는 것이 좋다.

복합탄수화물과 좋은 지방을 선택하라

탄수화물은 당류 또는 당질이라고 부른다. 탄소와 물분자로 이루어져 있어서 탄소의 수화물이라는 뜻으로 탄수화물이라고 부른다. 우리가 주식으로 섭취하는 밥, 빵 등이 탄수화물이고 단맛을 내는 설탕, 사탕, 과자, 초콜릿, 케이크, 청량음료, 아이스크림, 주스 등도 탄수화물이다. 주식으로 섭취하는 밥의 양은 예전보다 줄었지만 밥 외에 빵, 과자, 음료수 등을 더 먹어서 탄수화물의 섭취는 오히려 늘고 있다. 주식으로 먹던 밥도 밀가루 음식인 빵, 떡, 면 등으로 많이 바뀌었다. 특히 정제된 탄수화물과 당류는 인슐린 분비를 자극해서 비만과 각종 만성질환의 원인이 된다. 그래서 FMD에서는 가공과정이 적은 현미 같은 복합탄수화물을 권한다.

지방은 세포막을 구성하고 에너지를 제공하며 장기를 보호하는 에너지원이다. 각종 호르몬이나 신호전달물질을 만들기도 한다. 지방의 주성분은 지방산이다. 지방산은 크게 포화지방, 불포화지방, 트랜스지방으로 나뉜다. 포화지방은 실온에서 딱딱하게 굳는 지방으로 육류, 우유 및 유제품 등 동물성 식품에 많이 들어 있다. 트랜스지방은 액체 상태인 식물성지방에 수소를 첨가하여 고체 상태로 만들 때 생기는 지방이다. 마가린, 쇼트닝 같은 경화유가 트랜스지방이며 주로 케이크, 도넛, 튀긴 감자, 팝콘, 비스킷 같은 과자 등에 들어 있다. 1960년대에는 동물성지방인 포화지방보다 트랜스지방이 건강에 이로울 것 같다고 과자, 빵, 튀김 등의 제조과정에 많이 사용했지만 1990년대에 트랜스지방이 포화지방보다 심혈관질환, 암 등을 더 많이 발생시킨다는 연구 결과가 발표되어 사용량을 점점 줄이고 있다. 불포화지방은 포화지방과 달리 상온에서 액체로 존재하여서 고체 형태의 포화지방보다 혈액의 흐름을 원활하게 한다. 그래서 포화지방보다 불포화지방이 함유된 음식이 몸에 더 좋다.

인체가 합성하지 못하지만 몸에 꼭 필요한 지방산을 필수지방산이라고 부른다. 오메가-3와 오메가-6가 대표적이다. 오메가-3와 오메가-6를 섭취할 때는 균형이 중요하다. 오메가-6는 염증 반응, 혈전 생성을 유도하지만 오메가-3는 항염증 작용, 항혈전 작용을 유도한다. 요즘 육식 위주의 서구화된 식생활로 식사 형태가 바뀌면서 오메가-6와 오메가-3의 비율이 15~16:1로 변했다. 건강한 비율은 1~4:1이다. 오메가-3의 보충을 늘려야 한다.

FMD에서는 오메가-3의 비중이 높은 음식 중 들깨와 들기름을 추천한다. 생선을 통해서 섭취한다면 연어, 고등어, 정어리, 꽁치 등을 섭취하면 된다. 참치, 황새치 등의 생선도 오메가-3의 비중이 높지만 수은의 함량까지 높아서 주의해야 된다. 들기름은 발연점이 낮기 때문에 튀김용보다는 무침용으로 이용하면 좋다. 그리고 공기 중에서 산패되기 쉬우므로 개봉했다면 2~3개월 이내로 사용하고 냉장 보관한다.

영양분은 충분히 섭취하라

정해진 범위 내에서 영양분을 풍부하게 섭취한다. 우리 몸은 잠시도 쉬지 않고 무수한 대사과정이 진행된다. 조직을 이루는 수많은 세포들도 고정된 상태가 아니라 끊임없이 죽고 다시 새로운 세포들이 만들어진다. 하지만 현대인들의 식습관은 탄수화물, 단백질, 지방 같은 거대 영양소는 지나치게 섭취하지만 비타민과 미네랄 등의 미세 영양소의 섭취는 상대적으로 부족하다. 대사과정이 원활하게 이루어지고 면역 시스템이 잘 돌아가도록 거대 영양소와 미세 영양소를 충분히, 하지만 적당하게 섭취하는 것이 중요하다. FMD 기간에는 칼로리를 줄이는 데만 집중하지 말고 필수 영양소가 부족하지 않은지 꼼꼼하게 점검한다.

조상들이 먹던 익숙한 음식을 먹어라

조상들이 먹던 음식은 우리 유전자가 익숙한 식단이다. 조상들은 가공되지 않은 음식, 정제되지 않은 음식, 제철 음식, 그 지역에서 자란 음식을 먹었다. 요즘은 교통의 발달로 전 세계에서 생산되는 음식을 손쉽게 구할 수 있다. 유럽에서 재배된 음식이 식탁에 올라오고 남아메리카에서 생산된 과일을 마트에서 구입할 수 있다. 하지만 우리에게 익숙한 음식이 아니라서 몸에 맞지 않을 수 있다. 우유를 마시면 가스가 차고 설사를 일으키는 사람이 있다. 뱃속이 부글거리거나 팽만감 혹은 복통이 발생하기도 한다. 어릴 때는 유당분해효소가 있다가 나이가 들면서 없어지는 유당불내증 때문이다. 서양인에게도 나타나는 증상이지만 우리나라를 포함해서 동양인들에게 흔하게 나타난다. 유당불내증처럼 바로 증상이 나타나면 그 음식을 피하면 되지만 당장 증상이 나타나지 않으면 모르고 지나친다. 결국 장기적으로 건강을 해치게 된다. 그래서 가능한 조상들이 먹던 익숙한 우리 음식을 먹는 것이 좋다.

하루 세 끼를 자신에게 맞게 정하라

흔히 우리는 하루 세 끼를 먹는다는 개념을 갖고 있다. 물론 간식과 야식까지 먹는다면 네 끼 이상을 먹는 경우도 많다. 하지만 건강하게 살기 위해서는 자신의 체중과 허리둘레, 체지방을 고려해서 끼니를 조절해야 한다. 성장기가 지나고 30대가 되면 기초대사량이 줄고, 40대가 되면 급격하게 감소하므로 먹던 대로 먹으면 체중이 늘어난다. 남는 열량이 주로 지방이 되기 때문이다. 전체적인 식사량을 줄이는 방법도 있지만 체중과 허리둘레가 정상이라면, 세 끼 중 한 끼는 평소대로 먹고, 한 끼는 좀 더 가볍게 식사를 하고, 나머지 한 끼는 칼로리와 당분은 낮지만 영양가는 풍부한 간식으로 먹는 방법이 있다.

각자 자신에게 맞도록 식사 방법을 조절하면 된다. 아침을 잘 챙겨 먹을 수 있는 사람은 아침에 중점을 두고 점심, 또는 저녁이 편한 사람은 그 시간에 잘 챙겨서 먹으면 된다. 저녁 늦게 한 끼를 잘 챙겨 먹는 것보다 아침을 잘 챙겨 먹는 것이 심혈관질환의 발생률도 낮추고 생체리듬에도 맞다. 하지만 여건이 그렇지 않으면 저녁을 주식으로 먹되 자기 전에 서너 시간 정도의 공복을 확보하면 된다. 공복 시간을 주지 않으면 역류성식도염이 생길 수도 있고 잠을 푹 자기가 어렵다. 하지만 체중과 근육량이 지나치게 낮거나 체중이 감소하고 있다면 식사 세 끼와 간식 한 끼를 건강하게 챙겨 먹는다.

12시간 공복을 지켜라

하루에 12시간 정도 식사를 하지 않는 공복 시간을 만들면 몸이 건강해진다는 것은 동물실험과 임상실험에서 증명되었다. 적어도 12시간 이상 공복을 유지하는 것이 적당하다. 음식을 섭취하는 시간을 12시간 이내로 정한다. 즉, 아침 7시에 식사를 했다면 저녁 7시 이전에는 식사를 마치는 것이다. 일단 식사를 마친 이후에는 물 외에는 아무 것도 먹지 않는다. 공복 시간이 그보다 길어지면 체중은 줄겠지만, 장기간 유지하기가 어렵고, 몸에 나쁜 영향을 끼칠 수도 있다.

주기적으로 꾸준히 실천하라

한 달 중에 25일은 일반 식사를 하고 5일은 FMD를 실행한다. FMD를 실행하는 주기는 각자의 건강에 맞추면 된다. 1년에 최소 2회에서 최대 12회까지 할 수 있다. 즉, 6개월에 한 번, 3개월에 한 번, 1개월에 한 번 등 무리하지 않도록 선택하면 된다. 하지만 5일간 칼로리를 제한하는 만큼 65세 이상의 고령자, 체력이 급격하게 떨어진 사람, 위험한 질환이 있는 사람들은 하지 않는 것이 좋다.

마지막으로 자신에게 맞는 방식을 끊임없이 확인하고 위의 아홉 가지 원칙을 조율하라. 나는 FMD가 필요한가? 왜 필요한가? 내게 맞는 횟수는 몇 번인가? 끊임없이 질문을 던지고, 몸 상태를 살펴보고 실행할 것을 권한다.

〈건강 수명을 늘리는 아홉 가지 원칙〉

채식 기반 식이요법	단백질은 적지만 충분히	질 좋은 탄수화물과 지방 섭취
영양분은 충분히	주기적인 체중, 허리둘레, 혈액검사 (정상으로 유지)	조상들이 먹던 음식 위주로
식사1, 식사2, 간식 섭취	시간 제한 다이어트 (12시간의 공복 유지)	주기적으로 실천 한 달에 5일 (1년에 2~12회)

참고자료

1 〈단식 모방 다이어트〉, 발터 롱고, 시공사, 2019

③

한국인을 위한 FMD

FMD 식단과 한식의 차이

이탈리아 출신인 롱고 박사가 주장하는 FMD 식단을 자세히 알아보기 전에 먼저 지중해식 식단을 살펴보자. 지중해식 식단은 올리브가 재배되는 크레타섬 및 대부분의 그리스와 남부 이탈리아의 식습관을 일컫는 말이다. 이 지역은 전 세계적으로 심혈관질환의 발생률이 낮고 성인의 평균수명이 길기 때문에, 이 지역 사람들의 식습관에 대한 역학 연구가 꾸준하게 이루어졌다. 2010년 유네스코는 지중해식 식단을 세계무형문화유산으로 지정했다. 음식 문화가 문화유산으로 채택된 것은 처음이다.

지중해식 식단은 채소와 과일, 통곡물, 콩과 같은 식물성 음식을 기본으로 하고 올리브유와 견과류로 지방을 섭취하며 생선과 해산물, 닭고기 등의 가금류, 치즈 등으로 단백질을 섭취하고 붉은 고기(쇠고기, 돼지고기)는 월 2~3회를 섭취하는 것이다.

2013년 의학저널 〈뉴잉글랜드 저널 오브 메디신New England Journal of Medicine〉에 실린 연구 결과에 의하면 심혈관질환의 발생 위험도가 높은 사람을 대상으로 6년간 추적 관찰한 결과 올리브유와 견과류가 강화된 지중해식 식단을 섭취한 그룹이 저지방다이어트를 한 그룹보다 심혈관질환의 발생 위험도가 감소했다고 한다. 하지만 이탈리아 사람들이 먹었던 음식은 우리가 먹었던 음식과는 다르다. 그래서 롱고 박사의 장수식단의 재료를 영양소별로 나눠서 분석한 뒤, 그에 맞는 우리나라 재료를 대입시켰다.

먼저 탄수화물을 살펴보자. 우리는 쌀 문화권이기 때문에 롱고 박사가 추천하는 통밀파스타 대신 복합탄수화물인 현미와 잡곡을 추천한다. 흰쌀은 현미보다 당지수가 높아서 인슐린 분비를 더 많이 자극한다. 우리나라 식단에는 쌀, 떡뿐만 아니라 국수, 라면, 짜장면 등의 면 종류나 빵이 차지하는 비중이 높기 때문에 당지수에 주의해야 한다. 흰쌀밥, 빵, 국수, 감자는 당지수가 높고 현미, 잡곡, 콩 등은 당지수가 낮다. 씹을 때 거칠고 단맛이 적을수록 당지수가 낮다. 가루, 건조 등 가공처리를 많이 할수록 당지수가 높아진다. 그래서 밥보다 떡이 당지수가 높다.

'당지수'는 탄수화물이 소화되는 과정에서 얼마나 빠른 속도로 포도당으로 전환되어 혈당농도를 높이는가를 표시한 수치다. 당지수가 높을

	롱고 장수 식단 재료	우리나라 재료
탄수화물	통밀파스타, 통밀빵, 오트밀 옥수수, 단호박	현미맵쌀, 현미찹쌀, 잡곡, 고구마 감자, 단호박, 옥수수
단백질(해산물)	연어, 정어리, 문어, 새우, 조개 홍합	고등어, 명태, 갈치, 꽁치, 대구 문어, 새우, 오징어, 조개
단백질(식물성)	완두콩, 병아리콩, 렌틸콩, 강낭콩	메주콩, 검은콩, 서리태, 선비콩 낫토, 청국장
단백질+지방	파르메산치즈, 아몬드우유, 무가당 헤이즐넛우유, 무가당코코넛우유 요구르트(염소젖)	무첨가 두유
지방	엑스트라버진올리브유	들기름, 참기름
지방(견과류)	잣, 호두, 아몬드	잣, 호두, 아몬드, 해바라기씨
채소	상추, 셀러리, 잎채소, 양배추 토마토, 당근, 피망, 브로콜리 치커리, 케일, 아스파라거스 애호박, 가지, 고추, 오이, 버섯	상추, 깻잎, 케일, 치커리, 셀러리 어린잎채소, 오이, 당근, 양배추 가지, 애호박, 고추, 피망, 파프리카 미나리, 파, 쪽파, 양파, 마늘, 연근 우엉, 각종 버섯, 각종 산나물
과일	크랜베리, 대추	사과, 배, 감, 귤, 딸기, 수박, 참외 바나나, 키위
양념1	소금, 후추, 파슬리, 발사믹식초	소금, 간장, 된장, 식초, 파슬리
양념2	꿀	조청, 원당, 유기농설탕, 꿀
음료	커피, 녹차, 홍차, 레몬차	커피, 녹차, 감식초
죽 또는 수프	미네스트로네 (채소, 파스타를 넣은 수프)	채소죽, 전복죽, 콩죽
간식	통곡물다크초콜릿바, 무가당코코넛 우유, 크랜베리, 말린 과일 (블루베리, 파인애플 등)	과일, 견과류, 곶감

수록 혈당이 빨리 올라가고 이를 분해하는 인슐린이 많이 분비된다. 과량으로 분비된 인슐린은 포도당을 모두 분해해서 다시 저혈당을 일으킨다. 그러면 금방 허기를 느껴서 군것질을 하게 된다. 이런 악순환이 반복되면 인슐린을 분비하는 췌장이 지치고 인슐린 저항성이 생긴다. 그래서 당지수가 낮은 복합탄수화물인 현미와 잡곡을 먹어야 혈당과 인슐린 분비가 낮아지고 콜레스테롤 수치까지 낮아진다. 또한 인슐린이 적게 분비되어서 포도당 분해가 원활하게 이루어진다.

단백질의 해산물은 롱고 박사가 권하는 해산물과 비슷하다. 각자 자신이 사는 곳의 해산물, 조상들이 먹던 해산물을 섭취하면 된다. 하지만 요즘은 바다 오염이 큰 문제다. 바다를 오염시키는 원인의 80%는 육지에서 비롯된 것이다. 집중호우, 태풍 등으로 하천을 통해서 유입된 플라스틱, 유리, 폐어망, 로프, 폐스티로폼, 폐타이어 등 때문이다. 해산물은 좋은 단백질 공급원이지만 해산물을 통해서 오염물질을 섭취할 수 있어 심각한 문제가 된다. 0.5mm 이하의 미세한 플라스틱 조각이 천일염, 어패류 등에서 발견되고 우리가 마시는 생수에서도 발견되고 있다. 그 외에도 잔류성 유기오염물질, 중금속 등을 해산물과 함께 섭취하게 된다.

그렇기에 우리는 식물성단백질인 콩에 관심을 가져야 한다. 롱고 박사도 콩을 추천한다. 우리나라 사람들이 많이 섭취하는 대두의 원산지는 만주와 한반도다. 콩은 약 5,000년 전부터 재배됐으며 우리나라에서는 삼국시대 초기부터 재배됐다. 유럽에는 18세기에 도입됐지만 널리 재배하기 시작한 것은 20세기에 이르러서다. 하지만 렌즈콩, 병아리콩,

완두콩 등은 고대 이집트 기록에도 나올 정도로 유럽, 아프리카에서도 오래전부터 먹어왔다.

콩에는 30~50%의 단백질과 13~15%의 지방이 들어 있다. 밥을 할 때 넣기도 하지만 된장, 간장, 두부, 콩나물 등의 원료로도 이용한다. 특히 콩은 우리나라 사람들에게 중요한 단백질이다. 콩은 단백질원으로 부족함이 없다. 특히 현미에 콩을 넣은 현미콩밥은 필수아미노산까지 갖추고 있다. 쌀에 부족한 영양소인 필수아미노산 중 리신과 트립토판이 콩에 많이 들어 있고, 콩에 부족한 필수아미노산인 메티오닌과 시스테인 등의 함황아미노산은 쌀에 많이 들어 있다. 그러므로 콩과 현미를 모두 먹는 현미콩밥은 더 건강한 음식이다.

게다가 콩에는 탄수화물, 단백질, 지방 이외에도 미량영양소인 칼슘, 철분, 마그네슘, 아연, 엽산, 비타민E가 충분하다. 그 외 식이섬유, 올리고당, 사포닌, 이소플라본이라고 하는 파이토케미컬까지 들어 있다. 콩으로 만든 두유는 우유에 알레르기가 있는 유당불내증 유아에게 도움이 되고, 음식을 섭취하기 힘든 노인에게도 중요한 영양 공급원이 된다. 우리는 예로부터 콩을 발효시켜서 된장, 청국장으로 섭취했다. 발효하는 과정에서 생긴 유산균들이 혈전용해작용(피가 나면 혈액세포가 서로 뭉쳐 굳은 핏덩이를 만드는 것을 '혈전'이라고 한다. 하지만 몸 안에 혈전이 생기면 혈관을 막는다. 혈전이 뇌혈관을 막으면 뇌졸중, 심장으로 흐르는 관상동맥혈관을 막으면 심장마비를 일으킨다. 혈전이 생기지 않도록 뇌졸중과 심혈관질환을 예방하는 작용을 혈전용해작용이라고 한다)을 하고 장 건강에도 도움이 된다. 그 외에도 암세포가 스스로 자살하도록 유도하는 효과도 있다.

다음은 유제품이다. 우유는 양질의 단백질 공급원으로 체중 감량과 근육을 유지하는데 도움을 준다. 칼슘과 철분을 비롯한 비타민과 미네랄의 좋은 공급원이기도 하다. 유제품은 영양학적으로 우수하지만 영양 과잉의 시대를 살아가는 우리에게는 부작용을 일으킬 수도 있다. 지나친 우유 섭취는 지방과 열량의 과다 섭취로 이어지고 비만과 성인병을 일으킨다. 가축에 항생제, 호르몬 등을 주입하기 때문에 예전에는 없던 성분이 포함되는 경우도 있다. 그래서 우유는 건강하게 키운 가축에게서 나온 것을 마셔야 한다. 아니면 우유 대신 콩을 삶고 갈아서 먹거나 두유를 추천한다. 두유를 마신다면 무첨가 두유를 선택한다.

롱고 박사가 추천하는 지방은 견과류와 올리브유다. 올리브유는 항산화물질이 있는 폴리페놀과 불포화지방산인 올레산이 풍부하여 혈관 내 지방과 노폐물 배출을 도와주어서 심혈관질환을 예방한다. 올리브유를 선택할 때는 엑스트라버진 표기와 냉압착 표기를 확인하고 유기농으로 재배한 올리브유를 선택한다.

견과류도 좋은 지방 공급원이다. 견과류에는 탄수화물, 단백질, 지방이 들어 있고 몸에 좋은 불포화지방산이 많다. 비타민, 미네랄, 항산화물질도 풍부하여 간식으로 섭취하기에 좋다. 특히 FMD를 실천할 때 간편하게 먹을 수 있는 영양 공급원이다.

식이섬유와 비타민, 미네랄의 보충을 위해서는 제철에 나오는 채소와 과일을 섭취하면 된다. 물론 채소와 과일에도 탄수화물, 단백질, 지방이 들어 있다. 종류에 따라 다르지만 채소는 배불리 먹어도 열량이 높지 않아 유용하게 활용할 수 있는 에너지원이다. FMD를 할 때는 우리나라에서 재배한 제철 채소와 과일을 선택하면 된다.

음식을 만들 때 재료 자체에 있는 좋은 향기와 맛을 살리고, 좋지 않은 맛을 상쇄시키기 위해 양념을 사용한다. 원래 양념은 음식의 맛을 돕는 기능을 하지만 어떨 때는 음식을 양념 맛으로 먹기도 한다. 우리나라 요리에는 간장, 된장, 고추장 등의 장류와 액젓, 고춧가루, 깨소금, 참기름, 들기름, 식초, 꿀 같은 재료를 다양하게 사용한다. 그것을 다섯 단어로 요약하면 '달짜기신발'이다.

'달'은 단맛을 내는 양념이다. 주로 원당, 설탕, 조청, 꿀, 올리고당 등으로 단맛을 낸다. 가능한 정제된 설탕이나 첨가물이 들어간 것은 피한다. '짜'는 짠맛을 내는 양념이다. 주로 소금, 간장, 된장 등이다. 한국인은 음식을 짜게 먹는 경향이 있기에 싱겁게 먹으려고 노력해야 한다. 단맛을 내는 양념과 마찬가지로 정제된 것과 첨가물이 들어간 것은 피한다. '기'는 기름이다. 고소한 향미를 주는 양념으로 주로 참기름과 들기름을 사용한다. 참기름은 나물무침이나 국에 많이 사용하고 들기름은 볶음이나 전, 채소구이 등에 사용한다. 요즘은 샐러드도 자주 먹기 때문에 올리브유도 많이 사용한다. '신'은 신맛을 주는 양념으로 식초가 있다. 식초를 넣으면 식욕을 돋워주며 소화액의 분비를 촉진시켜서 소화흡수를 돕는다. 식초는 항균 작용이 있어서 식품을 부패시키는 세균의 번식을 억제시키는 역할을 한다. 피로회복, 혈압 조절, 혈당 조절, 콜레스테롤 조절, 면역력 증강 등 건강에도 좋은 양념이기 때문에 충분히 사용해도 좋다. '발'은 발효액이다. 오미자액이나 매실청 같은 것이다. 발효액은 발효 과정에서 설탕을 많이 사용하기 때문에 당함량이 높다. 당뇨병이 있다면 주의해서 사용한다. 이외 양념으로 향신료 등이 있다.

우리가 많이 먹는 양념 중에 하나인 '매운맛'이 빠졌다. 매운맛을 내는 고춧가루와 고추장은 장점도 있지만 맵고 짜게 먹는 것을 경계하기 위해 FMD에서는 제외했다. 하지만 매운맛을 적절하게 사용할 수 있다면 조금은 들어가도 된다. 쉽지는 않겠지만 양념은 가능한 유기농 제품으로 사용하고 인공첨가물이 들어가지 않은 것을 이용한다.

롱고 박사는 주식 외에 간단한 한 끼 식사로 지중해식 채소수프인 미네스트로네를 추천했다. 우리에게는 익숙하지 않은 요리라 미네스트로네 대신 죽을 추천한다. 대신 혈당을 높일 수 있는 쌀죽보다는 현미로 만든 죽을 추천한다. 죽을 만들 때 각종 채소를 넣으면 더 좋다. 간식은 간단히 과일과 견과류를 먹는다.

앞에서 언급한 식재료들은 5일간의 FMD 식단에 응용할 것이다. 이 식재료를 기반으로 어떤 음식을 언제, 어떻게, 얼마나 먹는지를 조정해서 5일 동안 섭취하면 된다.

롱고 박사의 FMD 식단을 임상에 응용하기 전, 2011년부터 지금까지 꾸준히 디톡스 프로그램을 진행했다. 우리나라 사람들에게 맞춰 FMD 식단을 구성하는데 많은 도움을 주었던 프로그램이다. 기능 의학에 바탕을 둔 이론으로 제거식이요법을 통해 내 몸의 독소를 제거하고 알레르기 반응과 불편한 증상을 일으키는 식품을 찾아내는 것이다.

생각보다 많은 사람들이 음식에 알레르기 증상을 포함하여 불편한 증상을 가지고 있다. 피부발진 및 두드러기, 관절통, 두통, 피로감, 불면증, 가스 참, 복통 등이다. 또한 그것이 음식 때문이라는 사실을 모르는 경우가 많다. 그래서 불편한 증상을 일으키는 것으로 알려진 음식을 식단에서 제거한 상태에서 3주간 식사를 하고 다시 한 가지씩 음식을 추가하면서 알레르기 증상이나 불편한 증상을 관찰하여 찾아낸다. 제거식이요법을 통해서 알레르기 증상을 찾아내기도 하지만 만성질환이 호전되는 것도 확인했다.

디톡스 프로그램 식단에서 먹어야 할 것과 먹지 말아야 할 것은 다음과 같다. 흰쌀과 흰 밀가루 등의 정제된 탄수화물은 물론 글루텐이 함유된 곡물까지 피한다. 통밀가루도 글루텐이 있기 때문에 글루텐 알레르기를 가려내기 위해 통밀가루도 먹지 않는다. 알레르기 여부는 3주가 지난 뒤 일주일의 점검 기간에 확인하면 된다. 현미밥을 먹고 단호박과 고구마 등으로 탄수화물을 공급한다. 지방은 견과류와 들기름, 올리브유 등의 좋은 지방을 섭취한다. 제조 과정이 중요하며 가공기름과 트랜스지방은 먹지 않는다. 단백질은 가능한 식물성 단백질을 먹고 중금속 오염에서 자유로운 생선, 해산물은 허용한다. 그리고 소, 돼지 같은 붉은 고기보다 건강하게 키운 가금류(닭, 오리)를 추천한다. 물론 밀가루를 입혀서 튀긴 것은 제외한다.

제철 채소와 과일, 해조류 등은 마음껏 먹을 수 있지만 맵고 짠 김치와 통조림 과일 등은 먹지 않는다. 해독 기간에도 가능한 가공식품이나 인스턴트식품은 제외한다. 3주 동안 술을 마시면 안 되고 커피와 담배를 끊는다. 특히 믹스커피를 자주 마시는 사람 중에는 설탕 중독이 있는

〈디톡스 프로그램 식단 재료〉

	먹어야 할 것	먹지 말아야 할 것
탄수화물	현미, 고구마, 단호박, 감자	흰쌀, 밀가루, 통밀가루 정제된 탄수화물
단백질	생선, 대구, 고등어, 연어 중금속오염이 덜한 해산물	붉은 육류(소, 돼지), 가공육류 통조림고기, 날생선, 조개류, 달걀
식물성 단백질	콩, 두부, 낫토, 청국장	첨가물이 들어간 것 유전자변형제품
유제품 및 대용품	무첨가 두유, 비건 우유	우유, 치즈, 아이스크림, 요구르트 생크림
버섯류	각종 버섯	없음
견과류	호두, 아몬드, 잣, 들깨, 참깨	땅콩, 첨가물이 들어간 견과류
지방	들기름, 참기름 엑스트라버진올리브유	버터, 마가린, 쇼트닝, 가공기름 마요네즈, 조리용 경화유
채소류	상추, 깻잎, 배추, 양배추, 케일 토마토, 브로콜리, 가지, 파프리카 당근, 오이, 우엉, 연근, 양파, 마늘 등의 각종 채소들, 나물은 양념에 주의	맵고 짠 김치
과일	사과, 배, 감, 딸기, 바나나 블루베리 등 제철 과일	통조림 과일
해조류	미역, 다시마, 김, 파래, 매생이	소금, 기름 등 양념에 주의
음료수	생수, 녹차, 허브차, 우엉차 카카오가루	술, 커피, 청량음료, 과일 주스
양념 및 단맛	간장, 된장, 천일염, 유기농 설탕 조청, 울금, 허브, 식초	정제된 설탕, 정제된 소금 첨가물 들어간 간장, 된장 인공감미료, 화학조미료
가공식품 인스턴트 식품	없음	과자, 라면, 햄버거, 피자 패스트푸드
기호품	없음	담배

사람도 많다. 이 기간에는 건강한 채소와 과일 등을 부담 없이 먹고 현미, 고구마, 단호박으로 탄수화물을, 콩, 두부, 해산물, 가금류 등으로 단백질을 섭취하되 가능한 유기농으로 먹을 것을 권한다.

3주간 디톡스 식단을 실천할 때, 지켜야 할 몇 가지 원칙이 있다. 첫째, 먹어야 하는 것, 먹지 말아야 하는 것을 지키는 '제거식이요법' 식단을 지킨다. 둘째, 해독을 극대화시키기 위해서 하루 세 끼 중 두 끼는 채소가 풍부한 유동식을 섭취한다. 셋째, 12시간 공복을 유지한다. 하루에 한 번씩 12시간 동안 비워내는 시간을 가지는 것이다. 비워내는 시간에 해독이 일어난다. 넷째, 물을 충분히 마신다. 다섯째, 규칙적으로 명상과 운동을 한다. 여섯째, 식사 일기를 기록한다.

3주의 디톡스를 마치면 일주일 동안 점검하는 기간을 거친다. 그 기간에 평소에 먹던 음식을 한 끼에 하나씩 추가해서 먹어보고 몸에서 어떤 반응이 나타나는지 관찰한다. 어떤 사람은 피부에 발진이 나타나기도 하고 어떤 사람은 피곤함을 느끼기도 한다. 소화기능에 이상이 생기는 사람도 있다. 어떤 음식에 반응이 있는지 알게 되면 앞으로 그 음식을 먹을 때 주의할 수 있다.

이 디톡스 프로그램과 FMD는 많은 공통점이 있다. 먹어야 하는 음식과 먹지 말아야 하는 음식도 비슷하고, 일정 기간을 정하고 실천하는 것도 비슷하다. 8년간 얻은 임상경험과 디톡스 프로그램을 거쳐간 사람들의 생생한 체험담을 통해서 우리나라 사람들에게 맞도록 FMD를 재구성할 수 있었고, 한국식 FMD 식단이 가능하다는 확신이 생겼다. 하지만 한식의 장점을 살리고 단점을 보완해야 하는 과제가 남았다.

우선 한식의 장점은 채소를 풍부하게 사용한다는 점이다. 다채로운 나물 반찬을 만들어 먹고, 간단하게 무침 요리를 만들기도 하고, 말려 두었다가 다시 불려 익혀서 먹기도 한다. 그리고 다양한 재료를 이용한다. 하지만 단점도 있다. 밥을 먹으면서 당면, 감자, 전 등을 함께 섭취해서 탄수화물 섭취가 많다. 흰쌀밥은 현미밥 같은 복합탄수화물로 바꿔야 하고 국의 섭취도 줄여야 한다. 우리나라 사람들의 나트륨섭취량은 WHO 권장량의 세 배로 나트륨은 위암, 고혈압 등의 원인이 된다. 한식은 맵고 달다. 특히 외식문화, 배달문화가 발달하면서 더 자극적인 맛으로 소비자를 유혹하기 때문에 매운맛과 단맛이 더욱 강해졌다. 특히 매운맛에는 짠맛이 공존하며 두 가지 맛 모두 나트륨을 많이 함유하고 있다. 나트륨은 몸 속에 수분이 오래 머무르도록 한다. 그래서 짜게 먹으면 체중이 증가하고 몸이 붓는다.

우리 조상들은 냉장고가 없던 시대를 살았기 때문에 재료를 소금에 절이는 음식 문화를 가지게 되었다. 대표적인 음식이 김치, 젓갈이다. 김치는 건강한 음식이라고 알려져 있지만 절인 음식이기 때문에 기본적으로 짜다. 우리나라 사람들은 김치를 많이 먹는다는 이유로 채소를 많이 섭취한다고 생각하지만 짠 김치는 한식이 극복해야 하는 과제다. 김치를 담글 때는 싱겁게, 샐러드처럼 담그는 것이 좋다. 생선, 어패류 등은 고단백이라 영양이 풍부하지만 부패하기 쉬워서 저장 문제를 해결하기 위해 소금에 절여서 젓갈로 만들어 먹었다. 발효식품의 문제는 바이오제닉 아민Biogenic Amine 같은 발암성 부산물이 발생한다는 것이다. 바이오제닉 아민이란 식품의 발효·저장 과정에서 단백질이 미생물과 만나 생성되는 일종의 부패 산물이다. 김치를 담글 때 단백질이 풍부한 까나리액젓과 멸치액젓을 넣으면 바이오제닉 아민 성분이 높게 나온다. 바이오제닉 아민 중 티라민은 혈관 수축과 혈압 상승을, 히스타민은 설사, 복통, 두통 등을 유발하며, N-니트로사민은 발암물질을 만든다. 된장, 고추장, 간장 또한 주재료가 콩이기 때문에 단백질 함량이 40%에 이른다. 이 단백질이 발효하면서 바이오제닉 아민이 생성된다. 김치는 젓갈을 적게 넣고 담그는 것도 방법이다. 김치 자체만으로는 단백질이 거의 없어서 바이오제닉 아민이 적게 생성된다.

한식을 건강한 음식으로 재탄생시키려면 정제된 탄수화물을 줄이고, 짠맛을 줄여서 싱겁게 바꾸고, 김치나 젓갈 같은 절인 음식을 적절히 조절해야 한다. 이를 바탕으로 한다면 한식을 채식 기반의 건강한 식단으로 탈바꿈시킬 수 있고 5일간 내 몸을 리셋할 수 있는 한국적 FMD로 거듭날 수 있다.

한국인을 위한 FMD는 가능한가?

롱고 박사가 25년 동안 연구하고 제시한 FMD는 과학적인 연구 결과에 바탕을 둔 식단이고 수많은 지혜가 담긴 생활 습관이다. 다른 단식처럼 극단적이지 않아서 건강에 무리가 없이 꾸준히 실행할 수 있다. 무리하게 따라 할 것을 추천하지도 않는다. 빨리 체중을 감량하기 위해 공복시간을 늘리면 몸은 위기를 느껴서 지방을 축적하는 체질로 변하고 담석이 생기거나 심혈관계 질환의 위험이 증가하기도 한다. 그리고 단식에 가깝게 공복 기간이 길어지면 식욕호르몬이 분비되어 단식을 마치자마자 폭식을 하게 되거나 요요현상이 생기고 결국 영양 불균형과 대사 이상을 초래한다. 또한 비타민, 미네랄 등의 미량영양소가 부족해져서 피부가 거칠어지고 탄력이 떨어지고 면역력과 회복력이 저하된다.

롱고 박사가 추천하는 FMD는 단식의 단점을 극복하고 단식의 효과를 최대한 살린 방법이다. 기간도 한 달에 5일, 1년 중에 몇 번만 투자하면 된다. 단식처럼 눈으로 확인되는 체중 감량을 기대하고 FMD를 시작한다면 실망할 수 있다. FMD는 체중 조절뿐만 아니라 질병을 예방하고 치료를 돕기도 하는, 평생 가지고 가야 하는 습관이기 때문이다. 건강은 하나의 척도만으로 평가를 내려서는 안 된다. 체중만 빠졌다고 건강하다고 평가하는 것은 어리석은 일이다. 가장 빠른 시간에 체중을 줄이는 방법은 굶는 것이다. 하지만 지속적으로 굶을 수 있을지, 지속한다면 어떤 부작용이 나타나는지는 다양한 연구를 통해서 이미 밝혀져 있다.

간헐적 단식은 단식을 극복하는 방법이라 누구나 쉽게 접근할 수 있다. 하지만 건강하지 않은 식단을 선택해서 공복 시간만 지키면 된다는 생각으로 접근한다면 눈앞의 목표는 달성할 수 있지만 장기적으로는 건강에 좋지 않은 영향을 미친다. 간헐적 단식을 실천하고 싶다면 FMD의 장점, 롱고 박사가 주장하는 장수 식단을 최대한 반영해보자. FMD는 축구에서 주공격수 같은 화려한 플레이어는 아니지만 2선에서 공수를 조율하는 현명한 미드필더라고 할 수 있다. 때로는 수비에 가담하고 기회가 생기면 공격수의 역할을 대신하는 만능 플레이이어다.

기본적으로 FMD는 채식에 기반을 둔 식단이다. 채식의 장점은 많은 연구를 통해서 증명됐지만 굳이 채식만을 고집하지는 않는다. 채식을 보완하여 사람들이 일상생활에서 쉽게 접근할 수 있는 식단을 권한다. 성장기에 있는 아이들이 채식만을 먹는다면 철분, 칼슘, 엽산, 아연, 비타민B_{12} 부족으로 영양 결핍, 빈혈이 생기고 뇌세포 발달에 영향을 끼칠 수 있다. 그래서 FMD는 채식 기반 식사를 추천하지만 건강한 해산물을 함께 먹는 페스코 채식을 바탕으로 한다. 채식의 장점을 최대한 살린 현명한 선택을 한 것이다.

식단을 짤 때도 영양소 구성에 심혈을 기울였다. 탄수화물의 과다 섭취를 경계하고, 정제된 탄수화물 대신 복합탄수화물을 골랐다. 지방 부족을 극복할 수 있도록 비율을 맞췄고, 건강한 지방을 선택했다. 우리 몸에서 만들어내지 못하는 필수아미노산 섭취를 위해서 단백질 섭취 비율을 맞췄다.

영양 과잉의 시대에 채식은 많은 장점이 있다. 100세 장수 노인의 식습관을 연구한 결과 고기를 많이 섭취한 사람은 적었다고 한다. 대부분의 장수 노인들은 채소 기반의 음식을 먹었고 필요한 양만큼의 단백질과 지방을 섭취했다는 것이다. 건강하게 채식을 하는 사람들은 필요한 영양소를 현명하게 보충하면서 식사를 한다. 특정 곡물이나 특정 채소만을 집중적으로 먹는다면 필요한 영양소를 골고루 섭취할 수 없다. 채소는 다양하게 먹고 현미와 콩을 함께 보충해서 필수아미노산을 채워야 한다. 오메가-3의 함량이 높은 견과류와 들기름으로 지방을 섭취한다. 잎이 두껍고 단단한 케일, 시금치 등을 골고루 먹으며 칼슘을 섭취한다. 채식을 할 때 부족하기 쉬운 비타민B_{12}는 청국장, 된장이나 미역, 다시마, 톳과 같은 해조류를 섭취하면 된다. 채식을 하더라도 영양소를 골고루 섭취할 수 있도록 식단을 구성해야 하고 만약 이것이 어렵다면 건강한 해산물로 단백질을 보충하면 된다.

일상에서 완벽한 FMD를 실천하기 위해 다음의 세 가지를 고려한다. 첫 번째, 칼로리를 계산하고 영양소의 황금비율을 맞춰서 실천한다. 두 번째, 서양 사람들의 식단이 아니라 우리가 먹는 식단으로 바꿔야 한다. 세 번째, 배고픔을 이기는 방법을 찾는다. 평소 먹던 칼로리의 $^1/_2$~$^1/_3$ 정도이기 때문에 허기를 해결해야 한다. 즉, 칼로리를 맞추되 배불리 먹을 수 있는 방법을 찾아 식단을 구성해야 된다. 그 방법 중 하나가 채소를 활용하는 것이다. 세 가지를 감안해서 한국적 FMD 식단을 완성했고 계속해서 자세한 식단을 소개하려 한다.

참고자료

1 〈Primary Prevention of Cardiovascular Disease With a Mediterranean Diet〉, Estruch R1, Ros Salas-Salvadó J et al, Covas MI, N Engl J Med, 2013

2 〈The Longevity Diet: Discover the New Science Behind Stem cell activation and Regeneration to Slow aging, Fight Disease, and Optimize Weight〉, Valter Longo, Avery Pub Group, 2018

3 〈Testbook of Functional Medicine〉, Peter Bennett, Jeffrey S. Bland, Leo Galland. et al, Example Product Manufacturer, 2010

4 〈한식의 배신〉, 이미숙, 위즈덤하우스, 2013

5 〈무엇을 먹을 것인가〉, 콜린캠벨, 토마스캠벨, 열린과학, 2012

④

FMD가 필요한 사람과 하면 안 되는 사람

평소 생체리듬에 맞춰 생활하면서 건강한 식사를 하고 규칙적인 운동을 하며 충분한 수면을 취하는 사람은 FMD가 필요하지 않다. 체중과 체지방이 정상 수치를 유지하고 혈압, 혈액검사에서 혈당 수치, 콜레스테롤 수치, 염증 수치 등이 정상이라면 굳이 FMD를 하지 않아도 된다. 하지만 사회생활을 하면서 어쩔 수 없이 회식, 야식이 잦아지고 건강하지 않은 식생활과 생활 습관으로 건강에 빨간불이 켜지기 시작했다면 FMD가 필요하다. 기준은 명확하다. 체중, 체지방, 혈압과 혈당, 혈액검사를 통해 본인의 건강 상태를 파악하고 얼마만에 한 번씩 FMD를 할 것인지 결정하면 된다. 체지방, 혈압, 혈당, 콜레스테롤이 정상범위에서 벗어났다면 정상범위에 들 때까지는 한 달에 한 번씩 하는 것이 좋다. 3개월에 3회 정도 실행하면 건강에 적신호가 켜진 사람도 효과가 나타난다.

FMD는 무척 건강하고 좋은 식단이지만 하면 안 되는 사람도 있다. 임산부와 수유 중인 사람이다. 임산부와 수유 중인 사람들은 영양분을 골고루 섭취해야 할 뿐만 아니라 평소보다 영양분을 늘려야 한다. FMD 기간에는 칼로리를 줄이기 때문에 임산부와 수유 중인 사람들에게는 영양이 부족한 식단이다. 그래서 추천하지 않지만 FMD의 기본이 되는 건강한 지중해식 식단은 임산부와 수유 중인 사람에게도 좋다. 인스턴트 식품과 가공식품을 피하고 채소를 많이 먹고 짜고 매운 음식을 조절하는 것이다.

성장기의 아이들도 FMD를 하면 안 된다. 성장기에는 다양한 영양분을 골고루 섭취해야 하기 때문에 발육이나 건강에 좋지 않은 영향을 미칠 수도 있다. 물론 성장기에 있는 아이들도 비만이나 영양 과잉 섭취에 주의해야 하지만 단순히 살을 빼는 목적으로 FMD를 실행하는 것은 추천하지 않는다.

신부전 같은 신장질환이 있어서 먹는 것을 제한해야 하는 사람, 영양 결핍과 저체중인 사람도 제외한다. 저체중, 근력 약화, 무기력증, 집중력 저하, 식욕 부진, 소화불량 등으로 늘 힘들다면 우선 체력을 키우고 건강을 찾아야 한다.

거식증과 폭식증 같은 식이장애가 있는 경우는 추천하지 않는다. 당뇨병이 있어서 당뇨약을 복용하고 있거나 인슐린 주사를 맞고 있는데 칼로리를 제한하면 저혈당이 올 수 있어 위험하다. 고혈압 약을 복용중이라면 반드시 아침, 저녁으로 혈압을 측정해야 한다. 그러나 콜레스테롤이 높은 경우는 당뇨병이나 고혈압처럼 위험한 상황이 발생하지 않으므로 FMD를 실천하는데 문제가 없다. 오히려 FMD를 통해서 콜레스테롤이 조절된다. 그래서 당뇨병, 고혈압, 고지혈증이 있는 사람은 혈당, 혈압, 콜레스테롤의 수치를 확인하면서 하면 실행하면 좋다. 단, 의료진의 조언이 꼭 필요하다.

암을 진단받고 수술 후 회복 중이거나 암을 앓고 있는 경우는 무조건 안 된다기보다 의사와 상의하면서 조심스럽게 해야 된다. 롱고 박사도 암 환자를 대상으로 하는 FMD 연구를 활발히 진행하고 있다. 암 환자가 FMD를 실행한 결과 항암제의 부작용을 줄일 수 있었고, 면역체계를 개선하여 면역세포의 공격력이 올라가 암세포에 대항하는 것을 확인했다. 롱고 박사는 암을 예방하고 암을 극복하기 위해서 FMD를 적극적으로 활용하라는 권고를 한다.

FMD는 완전한 단식이 아니라 먹으면서 '단식을 하는' 효과를 주는 단식 모방 식이요법이다. 단식의 긍정적인 효과를 최대한 살리면서 단식의 부작용을 줄인 방법이라서 안전하고 꾸준하게 할 수 있다. 하지만 잘못된 방법으로 실천한다면 오히려 건강을 해칠 수도 있기 때문에 본인의 건강 상태를 확인하면서 FMD를 하는 것이 좋다. 만약 이상소견이 나타나면 반드시 의사와 상의하기를 바란다.

3장

FMD 실천하기

①

FMD 준비

나는 FMD가 필요한 사람인가?

몇 가지 건강 체크를 통해 나에게 FMD가 필요한가를 점검할 수 있다. 비만, 당뇨병, 고혈압, 이상지질혈증, 심혈관질환 위험 정도, 내 몸의 독소 유무 등은 검진을 통해 알 수 있으며, 이 과정에서 몰랐던 질병을 발견하기도 한다. 일반적으로 건강 상태를 건강한 상태와 병에 걸린 상태로 나누지만 건강과 질병 사이에는 '건강하지 않은' 상태가 존재한다. 즉, 몸은 '건강-건강하지 않음-질병'으로 이어지는 연속선상에 있는 것이다. 그래서 건강검진을 통해서 질병의 상태뿐만 아니라 그 전 단계인 건강하지 않은 상태도 파악할 수 있다. '건강하지 않은' 상태는 다음의 기준으로 알아볼 수 있다.

아래의 검사 중 한 가지라도 정상범위가 아니라면 FMD를 실천해보기를 권한다.

· 비만인가?

체중과 체지방, 근육량, 허리둘레를 측정한다.

· 당뇨병의 위험성이 있는가?

공복혈당 수치, 당화혈색소 수치, 인슐린 수치 등 혈액검사를 통해서 측정한다.

· 혈압은 정상인가?

혈압을 측정한다.

· 콜레스테롤 수치는 정상인가?

혈액검사를 통해 혈중 콜레스테롤 수치를 측정한다.

· 심혈관질환의 위험성이 있는가?

혈액검사를 통해 심혈관질환의 위험인자인 고감도C반응단백 수치를 측정한다.

· 몸에는 독소가 얼마나 있는가?

혈액검사로 간기능검사 중 감마지티피 등을 측정하여 간접적으로 확인할 수 있다.

〈건강 상태 확인 기준〉

	기준	건강	위험 전 단계	질병
비만1	키 대비 체중 BMI	23 미만	23~24.9	25 이상
비만2	체지방률(%) (여자)	25 미만	25~29.9	30 이상
	체지방률(%) (남자)	20 미만	20~24.9	25 이상
고혈압	혈압	120/80 미만	120~139 80~89	140/90 이상
당뇨병	공복혈당	100 미만	100~125	126 이상
이상지질혈증	총콜레스테롤 수치	200 미만	200~249	250 이상
심혈관질환 위험	고감도C반응단백	1 미만	1~3	3 이상
독소	감마지티피 (남자)	16 이하	17~46	47 이상
	감마지티피 (여자)	8 이하	9~19	20 이상

* 체지방률에 따른 비만의 분류는 나이에 따라 기준이 다르다.

국민건강보험공단에서 실시하는 건강검진 결과에는 몸에 대한 많은 정보가 들어 있다. 내 몸의 상태에 대해 더 자세히 알고 싶다면 기본 건강검진 외에 세 가지 검사를 더 추천한다.

고감도C반응단백 수치

고감도C반응단백 수치는 콜레스테롤, 혈당, 혈압, 흡연 유무와 함께 심혈관질환의 위험도를 평가하는 수치로 높을수록 심혈관계질환의 위험도가 높다고 판단할 수 있다. 고감도C반응단백의 결과가 정상범위에 있더라도 높은 쪽이 낮은 쪽보다 심장마비(관상동맥질환)에 걸릴 위험이 1.5배에서 4배 정도 높다고 한다. 미국심장협회 및 미국질병관리예방국에서는 고감도C반응단백 결과에 따른 위험군을 다음과 같이 정의했다.

1.0mg/L 미만 - 저위험군

1.0~3.0mg/L - 평균

3.0mg/L 초과 - 고위험군

인슐린 수치를 이용한 인슐린 저항성과 분비 능력 계산

인슐린 저항성을 알 수 있는 검사인 HOMA-IR과 췌장의 베타세포의 인슐린 분비 능력을 볼 수 있는 HOMA-ß는 혈액검사로 인슐린 수치와 혈당 수치를 검사하여 계산한 수치다.

HOMA-IR = 공복인슐린(μU/mL) × 공복혈당(mg/dL)/405

HOMA-IR의 정상범위는 0.5~1.4이며 수치가 1.9 이상이면 조기 인슐린 저항성을 의심한다. 2.9 이상이면 인슐린 저항성이 있다고 판단할 수 있다. 이 공식은 공복혈당이 140mg/dL 이하일 때 실제로 인슐린 저항성과 상관이 있다. 공복혈당이 140mg/dL 이상이면 정확하지 않으므로 해석에 주의해야 한다.

HOMA-ß(%) = (360 × 공복인슐린(μU/mL)) / (공복혈당(mg/dL) - 63)

HOMA-ß 는 인슐린 분비 능력을 측정할 수 있는 수치다.

인슐린유사성장인자-1

인슐린유사성장인자-1(IGF-1, Insulin-Like Growth Factor)의 수치는 성장호르몬(GH)의 평균 양을 간접적으로 측정하는 검사다. 이 수치를 통해 성장 이상의 원인을 진단하고 뇌하수체 기능을 평가하고 성장호르몬의 결핍 및 과다에 대한 치료 효과를 모니터링한다. 인슐린유사성장인자를 측정하여 수치가 높으면 체내 세포의 성장과 분열을 촉진하기 때문에 노화 및 암세포의 성장 또한 촉진시킨다고 판단할 수 있다. 그래서 단식, 간헐적 단식, FMD를 통해서 수치가 감소하기를 기대하는 것이다.

나의 FMD 목표는 무엇인가?

"나는 FMD를 통해서 (　　)을 하고 싶다"

위와 같이 구체적인 목표를 설정한다. 앞의 검사를 했다면 FMD를 통해서 얻고자 하는 것이 무엇인지 알 수 있을 것이다. 대부분의 만성질환은 나이가 들수록 증가하며 한 가지가 아니라 여러 가지의 질환이 동시에 생기는 경우도 많다. 대한고혈압학회, 대한당뇨병학회, 한국지질동맥경화학회가 2006~2016년 사이의 국민건강영양조사 자료와 국민건강보험 빅데이터를 분석한 결과 한국의 3대 만성질환인 고혈압과 당뇨병, 이상지질혈증을 동시에 치료 받는 사람이 최근 10년 사이에

4.1배나 증가했다고 한다. 고혈압, 당뇨병과 이상지질혈증은 각종 심장 및 뇌혈관질환과 치매로 이어질 수 있는 선행질환이다.

질병이 생기기 전에 '건강하지 않은' 상태에서 '건강한' 상태로 몸을 되돌리는 것은 무척 중요하다. 특히 암, 심혈관질환, 뇌혈관질환, 자가면역질환, 치매 등의 심각한 병이 진행된 상태에서 건강한 상태로 돌리는 것은 무척 어려운 일이다. 건강을 유지하기 위한 중요한 생활 습관 다섯 가지가 있다. 식습관, 운동습관, 마음습관, 수면습관, 감사습관이다. 건강하게 식사를 하고, 규칙적으로 운동을 하면서, 스트레스를 잘 다스리고, 불면증 없이 7~8시간 수면을 취하고 혹시 그 시간을 채우지 못하더라도 수면 때문에 힘들어하지 않으면서, 매사에 감사하는 마음을 가지는 것이다. 매사에 감사하기 위해 하루에 다섯 가지라도 감사 일기를 적어보는 것도 좋다. FMD는 생활 습관 중에서도 중요한 식습관을 바로잡아주는 데 바람직한 역할을 한다. 막연하게 건강한 식습관을 실천하는 것은 쉽지 않다. 하지만 FMD는 구체적인 실천 방법을 제시한다. 그러니 구체적인 목표를 정하고 건강하게 시작해보자.

스케줄 조절과 식단 짜기

FMD를 시작하기로 결정했다면 먼저 스케줄을 조절해야 한다. 주중에 약속이 많다면 약속이 없는 날짜를 잡는다. FMD는 한 달 내내 실천해야 하는 것이 아니라 한 달 중 5일만 실천하면 된다. 주중이 부담스럽다면 주말에 시작해도 괜찮다. 5일이라 부담스럽지도 않다. FMD의 성공을 위해 즐거운 마음가짐만 준비하면 된다.

가장 먼저 식단을 구성한다. FMD는 내 몸을 위해서 하는 것이므로 내가 맛있게 먹을 수 있는 재료를 준비하고 그에 맞는 식단을 계획한다. 식단을 구성할 때는 몇 가지 원칙이 있다. 보통 성인의 일일 권장 칼로리는 남성 2,500kcal, 여성 2,000kcal다. FMD는 일일 권장 칼로리보다 적은 양을 먹게 된다. 하지만 칼로리에 영향을 주지 않는 채소를 충분히 먹기 때문에 다른 단식만큼 어렵지는 않다. 채소를 싫어한다면 FMD를 선뜻 시작하기 꺼려질 수도 있지만 갈아서 스무디 형태로 먹는 방법도 있다. 채소는 색깔에 따라 들어 있는 영양소가 다르므로 가능한 다양한 색깔을 섭취한다. 탄수화물과 지방은 건강한 탄수화물과 몸에 좋은 지방을 선택하고, 단백질은 전체의 10% 정도를 차지하도록 한다. 이런 규칙 내에서 즐겁게 만들어 맛있게 먹으면서 FMD를 실천할 수 있도록 식단표를 구성하면 된다.

5일치 장보기와 식재료 다듬기

장을 볼 때는 5일치 식단에 필요한 재료를 한꺼번에 구입할 수 있도록 목록을 미리 만들면 효율적이다. 많은 재료를 사서 버리는 일 없이 적절한 양으로 준비할 수 있다. 분량은 손바닥으로 가늠하면 편하다. 손

바닥을 펴고 양손을 붙여서 한 접시라고 가정한다. 왼손은 채소와 과일, 오른손은 단백질과 탄수화물이다. 그 외에는 기름을 포함한 양념 종류가 있다고 가정한다.

장을 보는 곳은 마트나 시장 등 다양하다. 집 근처에 가면 되고 가능

〈FMD 분량과 재료〉

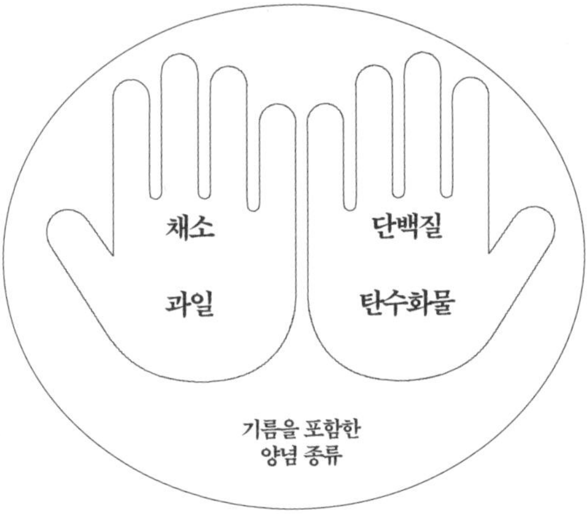

채소 상추, 깻잎, 케일, 연근, 당근, 오이, 토마토 브로콜리, 양배추, 브로콜리, 고구마, 감자	**단백질** 메주콩, 검은콩, 서리태, 두부, 연어, 고등어
과일 딸기, 사과, 배, 바나나	**탄수화물** 현미쌀, 현미찹쌀
기름을 포함한 양념 종류 들기름, 간장, 된장	

하다면 유기농 매장을 추천한다. 시골에서 농사를 짓는 사람을 안다면 제철 채소와 과일을 배달받아서 먹는 방법도 있다. 집 근처 텃밭을 가꾸어서 간단한 채소를 재배해보는 것도 좋다.

식사를 할 때 채소를 먼저 먹으면 과식을 방지할 수 있듯 장을 볼 때도 채소와 과일 종류를 먼저 구입한다. 다음으로 단백질 종류를 구입하고 현미 같은 탄수화물은 한 번 구입하면 오래 사용할 수 있으니 한꺼번에 사 놓으면 번거롭지 않다.

장보기가 끝났다면 5일간 먹을 재료를 미리 다듬는다. 장을 봐온 채소를 깨끗이 씻어서 요리할 분량만큼 잘라서 통에 담는다. 채소는 다듬는데 시간이 걸리지만 FMD에서 가장 중요한 재료이므로 정성껏 준비한다. 단백질은 미리 준비할 것이 별로 없다. 조금씩 나누어 놓으면 요리할 때 편리하므로 소분해두었다가 바로 사용하면 된다. 탄수화물인 현미는 미리 5일치 밥을 해두고 1인분씩 나누어서 냉동실에 얼려 두었다가 필요할 때 해동시켜서 사용하면 시간이 절약된다.

요즘 밀프렙Meal Prep이 유행이다. 식사를 의미하는 'Meal'과 준비를 의미하는 'Preparation'의 합성어로 일정 기간 동안 먹을 것을 한꺼번에 만들어서 용기에 담아두는 것이다. 요리를 다 만들어서 담아둘 수도 있지만 신선한 음식을 먹기 위해서는 요리하기 바로 전 단계까지 준비했다가 끼니마다 만들어 먹으면 더 맛있다. 재료를 꺼내서 바로 요리할 수 있도록 준비해두면 시간도 절약되고 더욱 간편하다.

매일 간단하게 요리하고 여유롭게 식사하기

FMD 식단은 거창한 요리가 아니다. 채소와 단백질, 질 좋은 지방과 소량의 탄수화물로 구성되어 있으니 하나씩 준비하면 된다. 미리 다듬어 놓은 채소를 꺼내서 생으로 먹거나 삶거나 볶으면 되니 오늘은 어떻게 먹을 것인지 결정한다. 단백질 재료인 콩, 두부, 해산물 중에서 오늘 사용할 재료를 선택하고 조리 방법을 결정한다. 단백질 종류는 조리하는데 시간이 얼마 걸리지 않으니 먹고 싶은 종류를 선택하면 준비가 된 것이나 마찬가지다. 지방은 올리브유나 들기름, 그리고 견과류로 채울 것이니 이것도 조리가 필요하지 않다. 탄수화물로 먹을 현미는 미리 밥을 지어서 소분하여 냉동실에 얼려둔다. FMD 레시피를 참고하여 쉽게 요리에 접근할 수 있으니 시작도 하지 않고 겁을 먹고 귀찮아하거나 복잡하게 생각하지 않아도 된다.

요리하는 시간은 얼마 걸리지 않지만 음식은 20분 이상 천천히 먹는 것이 좋다. 입안에 음식이 들어가서 위로 내려가더라도 포만감은 뇌가 느끼기 때문에 먹기 시작하고 최소한 20분이 지나야 포만중추가 작동한다. 즉, 20분이 지나야 배가 부르기 시작한다는 뜻이다. 그러므로 너무 급하게 먹으면 포만감을 느끼기도 전에 지나치게 많은 양을 먹게 된다. 정해진 분량만을 먹기 위해서는 천천히 꼭꼭 씹어서 포만중추가 작동하도록 20분 이상 식사한다. 너무 배가 고파서 먹기 시작하는 순간부터 급하게 먹을 가능성이 있다면 음식을 준비하면서 미리 준비해둔 채소를 조금씩 먹는 것도 좋은 방법이다. 요리를 준비하는 시간부터 음식을 먹기 시작하니 섭취 시간이 늘어나 적절한 양만 먹을 수 있다. FMD 기간에는 가능한 정해진 칼로리를 섭취해야 한다. 양이 부족하다면 칼로리에 영향을 미치지 않는 채소를 더 섭취한다.

FMD 기간은 한 달에 딱 5일이다. 그리 길지 않은 기간이다. FMD는 내 몸을 건강하게 만드는 작업이므로 즐거운 마음으로 음식을 준비하고 먹기를 바란다. 자동차도 규칙적인 정비를 받아야 문제 없이 계속 사용하듯이 우리의 몸도 마찬가지다. FMD를 하는 5일 동안 육체적으로 정신적으로 자신을 돌아보며 재정비하는 시간으로 만들자.

식사 시간과 섭취량 지키기

FMD 기간에는 12시간 공복을 반드시 지킨다. 12시간 이내에 음식 섭취를 모두 마치는 것이다. 몸 상태에 따라서 12시간 이상 공복을 유지하는 것은 상관없다. 저녁 식사는 가능한 저녁 8시 이전에 끝내는 것이 좋다. 하지만 피치 못할 사정으로 식사 시간이 늦어진다면 12시간 공복을 채우고 다음 날 아침 식사를 늦춘다.

식사는 첫째 날은 1,100kcal, 둘째 날부터 다섯째 날까지 800kcal를 먹는다. 칼로리를 평소의 반 정도로 섭취한다고 생각하면 된다. 식사는 하루 두 끼, 간식으로 한 끼를 구성한다. 세 끼를 꼬박 챙겨 먹으면서 칼로리를 맞추기는 쉽지 않다.

②

FMD 기간에 먹을 수 있는 것과 없는 것

탄수화물

FMD 식단에서 탄수화물은 현미 같은 통곡물만 허용한다. 정제된 형태의 탄수화물인 백미는 허용되지 않고 정제된 밀가루로 만든 빵, 면류 등도 권장하지 않는다. 밀가루로 된 음식을 먹고 싶다면 통밀가루를 권장한다. 당연히 백미를 빻아서 만든 떡도 먹지 못한다. 떡은 밥보다 당지수가 높아서 먹은 뒤 혈당이 급격하게 상승하고 따라서 인슐린 분비를 촉진하기 때문에 FMD 기간에는 피해야 할 음식 중 하나다. 우리나라는 체내에서 포도당으로 바로 전환되는 쌀, 국수 등 탄수화물을 주식으로 삼고 있기 때문에 당지수(GI, Glicemic Index)와 당부하지수(GL,

〈FMD에서 허용하는 재료와 허용하지 않는 재료〉

	허용하는 재료	허용하지 않는 재료
탄수화물	현미맵쌀, 현미찹쌀, 잡곡, 고구마, 감자, 단호박 옥수수, 통밀파스타, 통밀가루	흰쌀밥, 정제된 밀가루 정제된 밀가루로 만든 빵 등
단백질(동물성)	고등어, 명태, 갈치, 꽁치, 대구, 문어, 새우 오징어, 낙지, 전복, 소라, 굴, 홍합, 조개	붉은 고기(소, 돼지, 염소) 가금류(닭, 오리)
단백질(식물성)	메주콩, 검은콩, 서리태, 선비콩, 렌틸콩 병아리콩, 완두콩, 낫토, 청국장, 무첨가 두유	유전자변형(GMO) 콩
유제품	비건 우유	우유
지방	들기름, 참기름, 올리브유, 견과류 카놀라유, 현미유	버터, 마가린, 쇼트닝
지방(견과류)	잣, 호두, 아몬드, 해바라기씨	설탕과 소금으로 조미된 견과류
채소 (충분히)	제철 채소, 상추, 깻잎, 케일, 치커리, 셀러리 어린잎채소, 오이, 당근, 양배추, 가지, 애호박 고추, 피망, 파프리카, 미나리, 파, 쪽파, 양파 마늘, 연근, 우엉, 각종 버섯, 각종 산나물	맵고 짜게 조리한 채소
과일 (적당히)	제철 과일, 사과, 배, 감, 귤, 딸기, 수박, 참외 바나나, 키위, 대추	통조림 과일
양념1	소금, 간장, 된장, 식초, 발사믹식초	정제소금, 첨가물이 들어간 간장, 된장
양념2	조청, 원당, 유기농 설탕, 꿀	정제설탕, 인공감미료
양념3	후추, 강황	
음료	커피, 녹차, 100% 코코아, 레몬차, 우엉차	탄산음료, 과일주스
기호식품	없음	담배, 술
인스턴트식품	없음	과자

Glicemic Load)를 알아둬야 한다.

당지수는 탄수화물이 함유된 식품이 얼마나 혈당을 빨리 상승시키는지를 측정해 숫자로 나타낸 것이다. 단순 포도당 50g을 먹었을 때의 혈당 상승 속도를 100으로 정하고 특정 식품의 당질 50g을 먹었다고 가정했을 때 혈당 상승 속도를 상대적으로 나타낸 지수다. 당지수는 음식의 숙성 정도, 물리적 형태, 가공 과정, 조리 과정, 함유 단백질량 혹은 지방량 등에 영향을 받는다. 일반적으로 당지수가 70 이상이면 높다고 하고 55 이하면 낮다고 한다. 당지수가 낮다는 것은 소화와 흡수가 천천히 되기 때문에 혈당이 서서히 오르고 인슐린 저항성도 감소된다는 의미다.

당부하지수는 1회 섭취 분량에 함유되어 있는 탄수화물의 양을 고려하여 혈당 반응을 계산한 지표다. 즉, 탄수화물의 흡수 속도뿐만 아니라 탄수화물의 양을 고려하여 섭취한 뒤의 혈당을 예측한 값이다. 당부하지수는 당지수와 1회 분량에 들어 있는 탄수화물의 양을 곱하여 100으로 나눈 값이다. 수박의 당지수는 72 정도로 높지만, 수박을 1회 120g을 섭취한다고 가정해서 당부하지수를 산출하면 약 4정도가 된다. 당부하지수가 20 이상이면 당부하지수가 높은 식품, 11~19 사이면 중간, 10 이하면 낮은 식품으로 구분할 수 있다.

〈식품의 당지수와 당부하지수〉

식품	당지수 (포도당=100)	1회 섭취량(g)	1회 섭취량당 함유 당질량(g)	당부하지수
현미밥	55	150	33	18
흰쌀밥	86	150	43	37
호밀빵	50	30	12	6
고구마	61	150	28	17
늙은 호박	72	80	4	3
대두	18	150	6	1
쥐눈이콩	42	150	30	13
사과	38	120	15	6
배	38	120	11	4
포도	46	120	18	8
수박	72	120	6	4
파인애플	59	120	13	7
시리얼	81	30	26	21
페이스트리	59	57	26	15
탄산음료	68	250	34	23

- 당뇨병 식품교환표 활용지침, 2010

단백질

FMD 식단에서는 단백질 공급원으로 식물성 단백질인 콩을 추천한다. 단백질을 섭취하기 위해 생선이나 고기도 조금씩 먹는다. 단백질은 생물체 내의 구성 성분이며 세포 안에서 일어나는 각종 화학반응의 촉매 역할(효소)도 하고 항체를 형성하여 면역을 담당하는 등 여러 가지 형태로 중요한 역할을 수행한다. '밭에서 나는 고기'라고 일컬어지는 콩은 붉은 고기만큼 우수한 단백질을 갖고 있으면서 몸에 해로운 콜레스테롤이 없고 포화지방산도 거의 없다. 붉은 고기는 우리에게 필요한 단백질을 제공하는 대신 몸에 해로운 콜레스테롤과 포화지방산도 함께 공급해서 심장병, 당뇨병, 암 등을 유발할 수 있지만 식물성 단백질인 콩은 유익한 작용을 하는 착한 단백질 공급원이다.

해산물도 허용하는데 특히 생선은 풍부한 단백질을 함유하고 있을 뿐 아니라 몇몇 생선은 오메가-3 지방산을 다량 함유하고 있고 사람의 먹거리 가운데 거의 유일하게 비타민D를 함유하고 있다. 오메가-3 지방산 가운데 DHA, EPA는 집중적으로 생선에만 들어 있는 영양소다. 지금까지 연구된 생선의 효과는 대부분 오메가-3와 관련된 것이다. 특히 오메가-3는 고등어, 꽁치, 삼치, 연어, 멸치 등에 많이 들어 있다. 그중에서도 연어와 멸치에 가장 많고 고등어는 연어의 절반 정도며 참치에는 연어의 1/3 정도 들어 있다. 비타민D도 이들 생선에만 있는데, 비타민D는 생선 섭취만으로는 충분한 양을 얻을 수 없기 때문에 햇볕을 쬐거나 영양제로 보충해야 한다. 오메가-3의 가장 강력한 효과는 심장병 예방이고 그 외에도 뇌졸중, 치매, 우울증, 류마티스 관절염에 대한 효과가 있다고 알려져 있다.

그러나 간고등어처럼 소금에 절인 생선은 주의해야 된다. 소금에 절인 생선은 나트륨이 많아서 고혈압 발생 위험을 증가시킬 뿐 아니라 위암의 발생 위험도 증가시킨다. 소금에 절인 생선을 많이 먹으면 몸에 좋은 생선을 섭취하는데도 불구하고 뇌졸중의 발생 위험이 98% 증가한다는 연구 결과도 있다. 그래서 염장하지 않은 생선을 싱겁게 먹을 것을 추천한다.

풍부한 단백질 함유 식품이긴 하지만 우유와 치즈를 포함한 유제품은 FMD에서는 추천하지 않는다. 우유는 단백질과 칼슘 보충을 위한 완전 식품으로 알려져 있다. 하지만 유제품에는 암, 뇌졸중, 심장병, 당뇨병의 억제 및 치료에 도움이 되는 식이섬유가 전혀 없고 적혈구 생산에 필요한 철분도 별로 들어 있지 않다. 저지방 유제품이 아닌 일반 유제품에는 포화지방산이 들어 있어 몸에도 좋지 않다. 더구나 요즘에는 젖소를 키우는 과정에서 항생제, 성장촉진제 등을 사용하기 때문에 유제품을 먹으면 이런 물질까지 섭취하는 문제가 발생한다. 항생제와 성장촉진제 등은 다른 가축과 어류를 키우는데도 사용하기 때문에 논란이 많다. 또한 젖소가 먹는 사료에 GMO와 다이옥신이 함유되어 있다는 보고도 발표되었다. 꼭 섭취하고 싶다면 건강하게 키운 젖소나 양에서 짠 유제품을 추천한다.

메주콩은 유제품의 세 배에 해당하는 칼슘과 미네랄을 함유하고 있을 뿐 아니라 유제품에는 없는 식이섬유도 듬뿍 들어 있다. 서양 사람에게 유제품을 권장하는 것은 그들의 식단에서 유제품이 중요한 칼슘의 공급원이고 조상 대대로 오랫동안 먹어왔기에 유당불내증 같은 증상이 없기 때문이다. 하지만 우리나라 사람들은 유제품을 섭취하면 복부 불편감이나 설사 등이 나타나는 유당불내증을 겪기도 한다. 그러니 유제품이 아닌 메주콩을 선택하여 하루에 100g만 먹으면 우유 세 잔에 해당하는 칼슘을 섭취할 수 있으니 익숙하고 몸에도 건강한 콩을 적극적으로 활용해보자.

지방

FMD에서 추천하는 좋은 지방은 올리브유, 들기름과 견과류다. 물론 오메가-3 지방산이 들어 있는 연어, 고등어, 멸치 등과 같은 생선 섭취를 권하기도 하지만 FMD는 건강한 지방 섭취를 중요하게 여기기 때문에 세 가지를 잘 활용하도록 한다.

지방은 주요한 에너지원으로 1g당 9kcal를 제공한다. 지방은 인체의 기본 구성 단위인 세포막의 주요 성분이고 지방에 녹는 비타민이나 영양소의 흡수와 활용에 필수적이며 조직의 성장에도 중요한 역할을 한다. 특히 성장기의 유아나 아동들이 정상적인 성장과 발육을 할 수 있도록 중요한 역할을 한다. 인체는 대부분의 지방산을 스스로 합성할 수 있지만 오메가-6와 오메가-3는 만들 수 없기 때문에 반드시 음식과 영양제를 통해 섭취해야 한다.

채소와 과일

채소와 과일은 비타민, 미네랄, 식이섬유, 그리고 파이토케미컬의 중요한 공급원이고 칼로리가 높지 않기 때문에 FMD에서도 적극적으로 활용하는 가장 좋은 식품이다. 채소와 과일의 하루 최소 권장량은 500g이다. 그러나 질병관리본부의 국민건강통계에 따르면 2016년을 기준으로 이를 충족하는 사람은 전체의 37.9%밖에 되지 않는다고 한다. 채소와 과일을 권장 섭취량만큼 충분히 먹는 국민이 10명 중 4명 미만이며 심지어 500g을 충족하더라도 김치가 많은 부분을 차지한다. 다양한 종류와 다양한 색깔의 채소를 먹어야 하는데 짜고 매운 김치 위주의 편중된 섭취를 하고 있는 것이다.

채소는 칼로리가 적기 때문에 듬뿍 먹어도 되지만 과일은 양을 조절해야 한다. 과일에는 단맛이 나는 과당(Fructose)이 들어 있다. 과당은 과일이나 꿀에 든 자연산 당이다. 과일에도 있지만 생각보다 양이 많지는 않다. 수박 100g에는 2.7g이 들어 있다. 7kg짜리 수박 한 통에는 과당 189g이 들어 있는 것이다. 사과 반 개 정도인 사과 200g에는 11.2g의 과당이 들어 있다. 과당의 하루 권장량은 50~100g이니 크게 걱정할 정도의 양은 아니다.

문제가 되는 과당은 액상과당이다. 과자, 콜라와 사이다 같은 청량음료, 과일 주스에는 액상과당이 들어 있다. 이들은 과일에서 온 것이 아닌 합성물질이며 액체 상태다. 특히 액상과당은 포만감을 느끼지 못하기 때문에 많이 먹게 되고 간에서 지방으로 바뀌어 저장되거나 나쁜 콜레스테롤을 만드는 원료로 사용된다. 그래서 액상과당을 많이 섭취하면 비알코올성 지방간이나 이상지질혈증이 올 가능성이 높다. 고혈압,

당뇨병, 통풍 등의 원인이 되기도 한다. 신장에 문제가 없는 사람이라면 평상시에는 과일을 적당히 먹어도 되지만 FMD 5일간은 과일의 양을 조절한다. 단식의 효과를 내기 위해 당류를 제한하기 때문이다.

양념

FMD 기간뿐만 아니라 평상시에도 양념은 집에서 직접 만들거나 유기농 제품의 구입을 추천한다. 일반제품은 첨가물이 들어 있을 가능성이 있기 때문이다. 양념의 구입을 사용하더라도 음식 고유의 맛을 느끼기 위해서 필요한 양보다 더 사용하지 않도록 주의한다. 특정 음식에 들어가는 소스를 이것저것 사용하는 것보다 기본적인 맛을 내는 단맛, 짠맛, 기름 종류, 신맛을 내는 식초 등을 섞어서 사용하기를 권한다. 요리를 할 때마다 다른 양념을 구입한다면 냉장고 자리만 차지하다가 유효기간이 지나서 고스란히 버리게 되는 경우가 많기 때문이다.

물을 포함한 음료수와 기호식품

물은 충분히 마셔야 한다. 식사 시간 이외에는 하루 1.5~2L 정도 마시는 것이 좋다. 대신 탄산음료와 과일주스는 추천하지 않는다. 녹차를 포함한 각종 차 종류를 마셔도 되지만 생수가 가장 좋다. 그 외 100%

코코아음료와 식초음료를 추천한다. 또한 FMD 기간에는 술을 피한다. 모든 종류의 술은 금지다. 커피를 꼭 마시고 싶다면 원두커피 한 잔 정도는 괜찮다. 1970년대부터 2000년 중반까지는 커피가 위험하다고 생각했지만 이후에는 커피가 무해하다거나 커피를 마시면 오히려 건강에 도움이 된다는 연구 결과들이 발표되었다. 보통 커피라고 하면 카페인을 먼저 떠올리지만 커피에는 카페인 외에도 천여 가지가 넘는 화학물질이 들어 있다. 그중 일부는 건강에 이로운 작용을 하고, 일부는 해로운 작용을 한다.

녹차는 암의 발생을 억제하는 것으로 밝혀졌지만, 커피는 간암의 발생은 억제하지만 위암 등의 발생은 증가시키고, 대부분의 암 발생과는 무관하다고 밝혀졌다. 녹차는 하루에 4~5잔을 마시면 3개월 이내에 체중이 2~3kg 줄어들지만 커피는 그렇지 않다. 커피를 많이 마시면 골밀도가 감소하고 골절의 위험이 증가하지만 반대로 녹차는 뼈를 보호한다. 녹차는 충치의 위험도 감소시키고 잇몸도 보호하지만 커피는 그런 효능이 없다. 그래서 커피보다는 녹차가 몸에 더 좋다. 커피의 맛을 느끼고 싶다면 100% 코코아가루를 물에 타서 마시기를 권한다. 카카오닙스 또는 다크초콜릿도 가능하다. 코코아는 고혈압, 심장질환 등 심혈관질환에 도움을 주고 다이어트에도 효과가 있다.

③

FMD 실천 규칙

식사 준비는 신속하게

4장에서 소개하는 식단을 짜는 방법과 레시피를 참고해 어떤 식단으로 먹을 것인지를 선택하고 장을 봐서 요리하면 된다. FMD는 한 달 동안 하는 것이 아니라 단 5일간만 실천하기 때문에 부담이 덜하다. 물론 처음에는 약간 어려울 수도 있지만 하다 보면 자신에게 맞는 방법을 쉽게 터득할 수 있을 것이다.

현대인들에게 요리는 '내가 하는' 것이 아니라 누군가가 차려준 것을 의미하는 외식문화가 더 일반적이며 편의점 등에서 한 끼를 때우는 일도 잦다. FMD를 하는 5일 동안은 자신을 위해서 식단을 짜고, 장을 보고, 레시피대로 요리하는 과정을 즐기면 좋겠다. 요리를 하는 것은 번거로울 수도 있다. 처음으로 5일간 본인이 먹을 것을 만들 때는 "누군가 만들어서 배달을 해준다면 얼마나 좋을까"라는 유혹이 생기기도 한다. 그것을 극복하고 요리를 해보자. FMD를 실천해본 사람들은 이구동성으로 첫 시작은 힘들었지만 이내 적응을 해서 자신에게 맞게끔 실천하게 되었다고 말한다. 5일이라는 시간은 짧기 때문에 레시피를 반복해도 되고 다양하게 먹어도 된다. 시간과 취향에 맞게 선택하자. 하지만 요리를 만들 때 시간이 너무 오래 걸리면 쉽게 포기하게 되므로 '식사는 여유 있게, 준비는 신속하게' 할 것을 권한다.

한 번에 15분씩 운동한다

운동의 종류에는 유산소운동, 근력운동, 유연성운동이 있다. 유연성운동은 본격적인 유산소운동이나 근력운동을 시작하기 전에 몸을 풀어주는 과정과 운동을 마친 뒤 하는 쿨다운 운동을 말한다. 따로 운동할 시간이 없다면 일상생활에서 운동을 하는 것이 좋다. 출퇴근 시간에 대중교통을 타고 내릴 정거장보다 먼저 내려서 걷거나 자전거를 이용하는 방법도 있다. 헬스클럽에서 간단히 운동을 하고 출근하거나 회사 근처 헬스클럽을 이용해도 좋다. 각자의 상황에서 쉽게 할 수 있는 방법을 선택하면 된다. 운동을 하는데 시간이 많이 든다면 실천하기 쉽지 않다. 그래서 운동의 효과가 나타나는 최소한의 시간인 15분을 확보해야 한다. 15분 운동을 하루 두 번만 해도 30분 운동이 채워진다.

15분 운동을 할 때 단순히 걷는 방법도 있지만 고강도의 '부하기'와 저강도의 '휴식기'를 번갈아 배치하는 인터벌 트레이닝을 추천한다. 그냥 걷기나 단순한 달리기에 지루함을 느끼는 사람들에게 변화를 주면서 할 수 있는 인터벌 트레이닝은 또 다른 선택이 될 것이다. 고강도로 달리기만 하면 부상의 위험이 있고, 저강도로 걷기만 한다면 운동의 효과가 적다. 인터벌 트레이닝은 워밍업, 부하기와 휴식기, 마무리 운동으로 구성된다. 부하기는 자신의 능력에 따라 무리하지 않게 운동 시간과 강도를 정하면 된다. 보통 1분 단위로 끊어서 부하기와 휴식기를 반복한다. 부하기에는 1분간 빠르게 달리고, 휴식기에는 1분간 느리게 달린다. 부하기 때 달리는 속도를 조절하는 방법도 있지만, 달리는 시간을 조정하는 방법도 있다. 처음에는 부하기 1분, 휴식기 2분으로 하다가 부하기 1분, 휴식기 1분으로 유지하고, 체력이 된다면 부하기 1분, 휴식기 30초로 구성한다. 운동할 때는 심박수 등을 고려해서 무리하지 말고 고혈압, 심장병 등의 질병이 있다면 전문가의 도움을 받는다.

유산소운동과 마찬가지로 근력운동도 인터벌 트레이닝을 적용한다. 단식을 할 때나 굶었을 때 일어나는 현상과 근육이 강해지는 원리는 비슷하다. 이것을 초회복, 초과회복이라고 한다. 몸이 능력 이상으로 운동을 하면 근육에 미세한 상처가 생긴다. 이 상처가 아무는 과정에서 이 정도의 강도로는 상처가 생기지 않도록 더 강하게 회복을 한다. 운동할 때 휴식이 중요한 이유다. 마치 음식을 먹을 때 영양이 보충되어서 건강해지는 것 같지만 음식을 먹지 않는 공복 시에 더 건강해지고, 청소가 되는 것과 마찬가지다. 즉, 같은 강도의 운동으로 미세파열을 일으킨 근섬유들이 회복하는 과정에서 그다음에는 같은 강도의 운동을 하더라도 파열되지 않게 전보다 튼튼하게 회복되는 것이다. 이를 이용한 운동에는 타바타운동 등이 있다. 타바타운동은 1996년 일본의 이즈미 타바타田畑泉 박사가 스피드 스케이팅 대표팀의 실력을 향상하기 위해 개발했다. 운동 선수들이 하던 운동이라서 강도가 높을 뿐 아니라 체력 소비가 많다. 고강도운동을 20초간 실시하고 10초간 휴식하는 것을 8번 반복해 4분 동안 운동하는 방식이다. 타바타운동의 가장 큰 장점은 짧은 기간에 강도가 높은 운동을 해서 우리 몸이 계속 운동하고 있다는 착각을 하게 만들어 운동이 끝난 뒤에도 칼로리를 소비하게 만드는 것이다. 강도가 너무 높다면 강도를 낮춰서 본인의 체력에 맞게 구성하면 된다. FMD 기간에도 운동을 지속한 사람들의 체성분을 분석해보면 근육량을 그대로 유지하거나 오히려 증가한 것을 확인할 수 있다. 운동은 평상시에도 건강을 위한 필수조건이지만 FMD 기간에도 꼭 필요하다.

매일 15분 명상한다

배가 많이 고플 때 명상을 하면 도움이 된다고 말해도 대부분의 사람들은 명상을 어려워한다. 명상은 특별한 사람들이 하는 것이라고 생각하지만 누구나 시간과 장소에 상관없이 할 수 있다. 특히 배고픔을 느낄 때 많은 도움을 받을 수 있다.

명상은 수천 년 전부터 실행되었으며 최근 명상의 효과에 대해 과학적으로도 증명되고 있다. 명상을 통해서 스트레스를 제거하고 내면의 평화를 가져오는 것이다. 명상은 동양에서 시작되었으나 요즘은 서양 사람들이 더 열광하고 있다. 뇌과학, 의학, 심리학 등에서 매년 쏟아지는 수천 편의 명상 관련 논문 덕분에 더 큰 관심을 받는다. 최근 명상이 여러 가지 질환이나 증상 해소에도 도움이 된다는 연구 결과가 발표되었다. 천식, 만성통증, 심장병, 고혈압, 과민성대장증후군, 암, 불면증, 우울증, 불안, 두통 등에 도움이 된다고 주장한다. 서양에서는 명상을 신비주의로만 보는 것이 아니라 과학의 영역으로 끌어들여서 활발한 연구를 진행하고 있다. 많은 이들이 명상을 통해 심리적 안정과 건강에 도움을 받았고 병원에서도 적극적으로 도입하여 활용하고 있다.

명상을 하는데는 많은 시간이 필요하지 않다. 하루 15분이면 명상의 효과를 볼 수 있다는 많은 연구 결과가 있다. 매일 할 수 없다면 일주일에 세 번만으로도 효과가 있다고 한다. 물론 매일 15분씩 할 수 있다면 좋을 것이다. 명상은 누구나 할 수 있다. 간단하고 비용이 들지 않고 특별한 장소도 필요 없다. 출근하는 길에도 할 수 있고, 산책을 하면서도 가능하고, 대중교통을 이용할 때도 가능하다.

명상을 하는 동안 집중력이 높아지고 정신이 혼란스럽거나 스트레스를 유발할 수 있는 생각들이 제거된다. 이런 과정을 통해 신체적으로 건강해지고 정신적으로 안정된다. 또한 명상은 하는 동안만 효과가 나타나는 것이 아니라 끝난 뒤에도 효과가 지속된다. 명상을 통해 스트레스 상황을 새롭게 바라볼 수 있고 스트레스를 관리하는 기술을 습득할 수 있다. 후회되는 과거, 불안한 미래를 접어두고 나에게 주어진 이 시간, 즉 현재를 중심에 두고 살아가는데 도움을 받는다. 부정적인 감정이 해소되고 상상력과 창의력이 증가하고 화낼 일이 생기더라도 잘 참고 품어줄 수 있는 마음의 그릇이 커진다.

"배고플 때 먹지 않으면 몸이 힘들 거야", "한 끼만 굶어도 어지럽고 기운이 없어서 아무 일도 못 할거야"라는 생각이 들 때 배고파하는 자신을 살펴보면서 "내가 배고플 때 몸에 저장되어 있는 지방을 열심히 태워서 에너지를 만들어서 사용할 거야"라는 주문을 외우면서 명상한다면 배고픔을 이겨낼 수 있을 것이다. 특히 잠들기 전이나 아침에 일어났을 때 짧게 15분씩 편안한 자세로 호흡하면서 명상을 시작해보자.

④

FMD를 실천한 사람들

나의 FMD 결과

오른쪽 표는 나의 혈액검사 결과다. 2019년 2월에 실시한 혈액검사상 이상 소견이 보여서 고감도C반응단백, 인슐린 수치, 인슐린유사성장인자검사를 실시했다. 위의 검사를 통해 건강 상태를 평가해보면 다음과 같다.

혈압은 135/85로 측정되어 고혈압 전 단계이고, 공복혈당은 111mg/dL로 당뇨 전 단계로 진단되었다. 게다가 나쁜 콜레스테롤이라고 말하는 저밀도콜레스테롤의 수치가 약물 투여를 고려해야 될 정도로 높다. 체성분 분석을 해보니 근육량은 평균값보다 떨어져 있었고 체지방률은

〈나의 건강검진 결과〉

	2019.2. 14 FMD 전	2019. 2. 28 FMD 후
키(cm)	169	169
몸무게(kg)	67.7	65.7
체질량지수 (BMI)	23.7	23
근육량(kg)	27.7	28.1
체지방률(%)	26.6	23.7
혈압(mmHg)	135/85	120/80
혈청지오티	19	22
혈청지티피	20	18
감마지티피	24	19
요소질소	10	9
크레아티닌	1	0.9
총콜레스테롤(mg/dL)	247	198
고밀도콜레스테롤(mg/dL)	54	52
저밀도콜레스테롤(mg/dL)	193	154
중성지방(mg/dL)	67	69
고감도C반응단백(mg/L)	1	0.8
공복혈당(mg/dL)	111	96
공복인슐린(μU/mL)	10.2	6.8
인슐린유사성장인자(ng/mL)	176.5	191.5
HOMA-IR	2.8	1.6
HOMA-β	76.5	74.18

26.6%로 정상을 넘어선 수치다. HOMA-IR 검사에서 2.8이 나와서 인슐린 저항성이 의심되는 수치를 보였다.

혈액검사라는 객관적인 지표를 보고 현재의 건강하지 않은 상태를 눈으로 확인하니 경각심이 들었다. 돌이켜 보니 최근에 먹는 양이 늘었고 특히 늦게 퇴근하는 아내와 저녁을 함께 먹는 것도 문제였다. 직접 만든 음식을 남기지 않으려는 탓에 과식을 했던 것이다. 거기에 운동량도 턱없이 부족했다. 주로 자전거로 출퇴근을 했는데 겨울에 자전거를 타지 못하면서 이를 대체할 운동을 하지 않았다. 혈액검사 결과를 보고 가장 먼저 바꾼 것은 저녁 식사였다. 미리 혼자서 식사를 하고 아내와 딸을 위해서 저녁을 차려주더라도 함께 먹지는 않았다. 식사 때 반주를 하던 습관도 없앴다. FMD를 5일간 실천했으며 FMD 이후에도 야식은 하지 않고 생체리듬에 맞춰 적당한 식사를 했다. 아침과 저녁에 집 근처 헬스클럽에 들러서 최소 30분 정도 운동도 했다.

시작한지 2주 만에 몸의 변화를 느낄 수 있었다. 체지방률을 측정해 보았더니 25% 이하로 떨어졌고 근육량도 늘어났다. 혈액검사를 해보았더니 총콜레스테롤 수치가 247에서 198로 정상 수치가 되었고 저밀도콜레스테롤은 193에서 154로 떨어졌다. 공복인슐린 수치도 10.2에서 6.8로 감소되었다. 하지만 인슐린유사성장인자는 감소되지 않고 되려 191.5로 증가 되었다. FMD 기간은 한 달 중 5일이니 한 달의 1/6에 해당하는 짧은 기간이다. 나쁜 혈액검사 결과를 보고 놀란 마음에 FMD와 운동을 동시에 했는데 2주라는 얼마 안 되는 기간 동안 상태가 좋아지는 것을 직접 경험했다.

〈FMD 참가자들의 체성분 분석 결과〉

번호	이름	성별 나이	키 (cm)	몸무게 (kg)		체질량지수 (BMI)		근육량 (kg)		체지방률 (%)	
				FMD 전	FMD 후	FMD 전	FMD 후	FMD 전	FMD 후	FMD 전	FMD 후
1	Y	남/50	166	59.3	54.7	21.5	19.9	24.9	23.9	23.6	20.2
2	J1	여/43	173	64.5	60.1	21.6	20.1	25.6	24.7	27.6	24.3
3	P1	여/44	165	61.6	59.9	22.6	22	24.5	25	27.7	24.6
4	R	여/49	164	68	66.2	25.3	24.6	25.9	25.3	31.2	31
5	K	여/20	165	76.5	70.9	28.2	26	28	26.6	34.1	32.3
6	L1	여/43	157	80.6	75.1	32.7	30.5	26.8	24.7	39.3	40
7	J2	여/44	156	63.4	60.4	26	24.8	22.1	21.4	36.6	34.1
8	P2	여/46	165	67.9		24.9		25.3		32.1	
9	L2	여/45	160	51.3		20		21		23.7	
10	L3	여/49	153	55.5	51.4	23.7	21.9	19.6	19.3	34.2	29.8

* 열 명의 참가자 중 두 명은 사후 검사를 원하지 않아서 실시하지 않았다.

FMD 체험단

FMD를 본격적으로 실천할 사람을 모집하기 위해 3개월의 프로젝트를 계획했다. 롱고 박사가 실험했던 것처럼 3개월 동안 매달 한 번씩 FMD를 실천하는 프로젝트다. FMD 프로젝트의 대상자는 구본형 변화경영연구소에서 3주간의 디톡스 프로그램을 지원한 사람 중에서 FMD에 관심이 있는 사람을 대상으로 했다. 시작하기 전에 체성분 검사와 혈액검사를 하고 한 달에 한 번씩 5일간 FMD 식단을 지켰다.

여덟 명의 참가자 모두 체중이 감소했으며 평균 3.83kg이 줄었다. 가장 폭이 큰 사람은 5.6kg, 적은 사람은 1.7kg이다. 근육량도 평균 0.81kg 정도 감소했는데 운동을 열심히 한 참가자 P1은 오히려 0.5kg 늘었다. 평균값을 보면 한 명을 제외하고 모두 체지방이 줄었다. 평균 -2.25%다. 참가자 L1은 체지방률은 늘었지만 몸무게는 빠졌다. 근육과 체지방이 줄었지만 체지방이 줄어든 양보다 근육이 줄어든 양이 많았기 때문에 체지방률이 늘어난 것이다. 만약 근력운동을 함께했다면 체지방률이 줄었을 것이다.

〈세 번의 FMD 결과 평균값〉

구분	체중	체지방률	근육량
평균	-3.83kg	-2.25%	-0.81kg

체험 사례

Y/50세 남성

유일한 남성 참가자인 Y는 2년 전 건강검진 결과 지방간이 있다는 진단을 받았고 2년 전에 이미 3주 동안의 디톡스 프로그램과 운동으로 지방간을 극복했다. 그는 2019년 2월부터 4월까지 3개월간 FMD 프로그램을 실천했다. 3주간은 먹고 싶은 음식을 마음대로 먹고 단 5일만 FMD 식단 대로 식사를 했다. 3개월간 체중은 4.6kg이 줄었고 체지방률은 3.4% 하락, 그리고 허리둘레는 3.5cm가 줄었다. 혈압과 혈액검사에서 간기능 수치, 콜레스테롤 등의 검사, 혈당을 포함한 인슐린 저항성을 보는 HOMA-IR검사, 심혈관의 건강을 알려주는 고감도C반응단백검사 등이 FMD를 하기 전부터 건강한 상태였지만 FMD를 하고 난 뒤 조금 더 긍정적인 방향으로 변했다.

〈Y의 체험기〉

평상시에 가벼운 운동을 통해 어느 정도 관리하고 있었지만 식단은 조절하지 않았다. 먹고 싶은 음식이 있으면 먹었고, 빵이나 라면도 좋아했다. FMD를 하게 된 이유는 조금만 많이 먹어도 소화를 잘 시키지 못하고 자주 체했기 때문이다. 소화제를 달고 살았는데 이 프로그램을 실행하면서는 정말 속이 편해졌다. 화장실도 매일 규칙적으로 갔고 피부가 깨끗해졌다는 소리도 들었다.

〈Y의 FMD 실행 전후 결과〉

	2019. 2.12 FMD 전	2019. 5. 3 FMD 후
체중(kg)	59.3	54.7
체지방률(%)	23.6	20.2
내장지방(level)	5	4
허리둘레(cm)	76.7	73.2
혈압(mmHg)	111/64	98/51
혈청지오티	22	17
혈청지티피	20	10
감마지티피	10	10
요소질소	9	11
크레아티닌	0.7	0.7
총콜레스테롤(mg/dL)	161	175
고밀도콜레스테롤(mg/dL)	52	69
저밀도콜레스테롤(mg/dL)	94	110
중성지방(mg/dL)	133	46
고감도C반응단백(mg/L)	0.5	0.4
공복혈당(mg/dL)	83	91
공복인슐린(μU/mL)	2.0	1.4
인슐린유사성장인자(ng/mL)	155.3	161.1
HOMA-IR	0.4	0.3
HOMA-β	36	1.8

FMD는 5일이라는 짧은 시간 동안 단식 효과를 주어 디톡스를 보다 빠르게 진행시키는 것이 인상적이었다. 짧은 시간 동안 할 수 있다는 것이 매력적이고, 굶지 않고 한다는 점이 가장 큰 장점이다. 3주 동안은 먹고 싶은 것을 마음대로 먹고, 나머지 5일만 정해진 식단대로 먹었다. 원장님이 소개한 메뉴는 건강식이면서 맛도 있어 FMD를 즐겁게 만들어 준 요소였다.

가장 힘든 건 배고픔이었다. 특히 샐러드만 먹는 첫날은 주린 배를 움켜잡아야만 했다. 둘째 날부터는 비빔밥, 볶음밥 같은 메뉴가 있어 배고픔이 조금 덜하긴 했지만 만만치는 않았다. 만약 모르는 사람에게 FMD를 소개한다면 단식이지만, 단식보다는 조금 쉽게 할 수 있는, 그렇지만 노력이 필요한 과정이라고 얘기할 것이다.

앞으로는 어떻게 관리하느냐가 중요한 문제로 남았다. 일단 '간헐적 단식'은 매일 하려고 한다. 하루 열두 시간 이상의 공복을 지키기 위해 저녁 8시 전에 식사를 마치고, 다음 날 아침 8시 전까지는 아무 것도 먹지 않을 것이다. 밀가루, 튀김, 인스턴트식품, 과자 등도 자제하고 당근, 오이, 파프리카, 양배추, 그리고 과일을 많이 먹으려고 한다.

J1/43세 여성

아이 둘을 낳고 7~8kg 정도 체중이 증가해서 살을 빼고 싶은 참가자다. 최근 직장을 그만둔 상태여서 좀 더 여유 있게 FMD에 참가했다. 이상적으로 몸무게가 빠졌고, 근육량은 0.9kg 정도만 감소된 반면 몸무게는 4.4kg, 체지방률은 무려 3.3%나 감소했다. 다른 사람보다 공복 시간을 오래 가졌기 때문인 듯하다. 근력운동을 함께 했다면 근육량의 손실 없이 충분히 목표를 달성했을 것이다. FMD를 하기 전에도 혈압과 혈액검사가 정상 소견이었지만 FMD를 한 다음에는 바람직한 결과가 나왔다.

〈J1의 체험기〉

음식을 만들 때 용량을 일일이 계산하는 것이 처음에는 번거로웠다. FMD 동안에 평소보다 머리가 무거운 느낌이 들어서 4일 동안은 힘들었는데 5일에 들어서자 식단에 익숙해지며 두통이 사라졌다. 공복 시간이 길어지다 보니 몸이 가벼워지는 느낌이 들어서 좋았다. 한 번도 다이어트를 하지 않을 만큼 먹는 것을 좋아해서 제한된 양만 먹어야 한다는 게 심리적 부담으로 작용하기도 했다. 명상의 시간을 갖거나 각오를 다지고 시작하면 좋을 것 같다. 첫째 달 5일 동안은 긴장도 하고 차가운 샐러드로 식사하는 것이 무척이나 힘들었다. 둘째 달 식단에는 따뜻한 음식이 포함되어 배고픔도 덜하고 만족스러웠다. 다음 식사까지 제법 긴 시간의 공백이 있어도 적응이 되었고 배고픔과 허기짐에 지쳐 식사 시간까지 버틴 게 아니라 저절로 그 시간이 다가온 것이 신기했다. 또 하나의 신기한 경험은 안 읽히던 책을 훌쩍 읽었다는 것이다. 숙면의 기쁨도 찾아왔다. 보통 자다가 두세 번 이상 깼는데 잠의 패턴이 바뀌어 또 한 번 놀랐다. 공복 21시간을 유지한 날도 있다. 또 하나의

〈J1의 FMD 실행 전후 결과〉

	2019. 2.13 FMD 전	2019. 4. 16 FMD 후
체중(kg)	64.5	60.1
체지방률(%)	27.6	24.3
내장지방(level)	7	5
근육량(kg)	25.6	24.7
혈압(mmHg)	91/64	101/47
혈청지오티	29	22
혈청지티피	24	20
감마지티피	13	15
요소질소	11	10
크레아티닌	0.8	0.9
총콜레스테롤(mg/dL)	136	135
고밀도콜레스테롤(mg/dL)	51	52
저밀도콜레스테롤(mg/dL)	88	73
중성지방(mg/dL)	53	56
고감도C반응단백(mg/L)	0.4	0.6
공복혈당(mg/dL)	89	85
공복인슐린(μU/mL)	3.6	1.7
인슐린유사성장인자(ng/mL)	195	149.7
HOMA-IR	0.8	0.4
HOMA-β	49.8	28

깨달음은 음식에 정성을 들일 수록 감사한 마음과 만족도가 커진다는 것이다.

둘째 달 마지막 날에는 기상 후 약간의 현기증이 있었다. 셋째 달에는 공복 시간과 식사 패턴이 익숙해져 일상처럼 쉽게 지나갔다. 조리 방법이나 식단 재료들이 익숙하기에 준비는 어렵지 않았으나 마지막이라는 생각에 마음가짐을 다잡는 게 어려웠다.

FMD의 첫 번째 매력은 체중 감량의 효과다. 나는 대식가에 한 번 먹을 때 많이 먹고 끝까지 먹는 타입이라 제한적인 칼로리를 섭취하는 FMD 식단은 조금 어려운 미션이었지만 식단대로 먹었더니 1, 2차에 걸쳐 7kg이 감량되었다. 두 번째 FMD 종료 후 각종 인스턴트식품과 짜고 매운 음식을 먹어서 몸무게가 다시 불어났고 그 불어난 몸무게만큼만 빠져도 감사하다는 생각으로 세 번째 FMD를 시작했는데 끝나고 나니 4.4kg이 감량되었다.

두 번째 매력은 체지방 감량이다. 체지방률이 3.3% 감량되면서 복부지방률과 내장지방률이 줄어들었다. 개미허리는 아니지만 적어도 허리가 어딘지 알아볼 수 있게 된 것이 큰 성과였다. 신기한 것은 5일이 끝나면 일반 식사를 3주간이나 하는데도 체지방률은 꾸준하게 빠졌다는 점이다.

세 번째 매력은 염증 완화다. 세 번째 FMD를 시작하기 일주일 전부터 입안 전체가 헌 것처럼 감각이 예민해지고 피부가 얇아진 느낌이라 양치할 때의 치약도 고통이고, 매운 음식을 먹는 것도 고통일 만큼 아팠다. 그런데 FMD 이틀 째부터 이런 증상들이 완화되기 시작했고

5일 뒤에는 입안의 염증이 회복되었다. 면역력이 급격하게 떨어지면서 생긴 증상 같았는데 단식을 하면 몸 안의 세포들이 염증을 치료하는데 집중할 수 있기 때문에 염증 완화에 도움이 된다고 한다.

P1/44세 여성

병원 근처에 거주하고 있어서 자주 체성분 분석과 혈액검사를 했다. 요가 지도자 과정을 밟고 있으며 디톡스 프로그램에 여러 번 참여했다. 운동을 꾸준히 해왔던 터라 근육량의 손실 없이 FMD를 진행할 수 있었다. 전체적으로는 1.7kg이 빠졌지만 근육량은 0.5kg 늘어났다. 무리하지 않고 차근차근 감량했고 체지방률은 한 달에 1% 정도 감소했다. 혈압과 혈액검사 결과 좋은 콜레스트롤인 고밀도콜레스테롤은 증가했지만 총콜레스테롤과 저밀도콜레스테롤이 높아졌기에 추적관찰할 예정이다. 생활 습관이 흐트러지면 걷잡을 수 없이 살이 찌는 체질이라 규칙적으로 FMD를 실행한다면 체중 관리에 도움이 될 것이다.

〈P1의 체험기〉

첫째 달에는 힘들었지만 둘째 달에는 조금 수월해졌다. 다양한 메뉴에 도전하지 못하고 손에 익은 두부된장비빔밥으로 거의 모든 끼니를 대신했다. 공복 후 첫 음식으로는 사과 반 개와 카카오차를 마시고, 서너 시간쯤 지나 메인 요리를 섭취했다. 처음에는 모든 메뉴의 양을

〈P1의 FMD 실행 전후 결과〉

일자	2월 8일 FMD 실행 전	2월 28일 첫번 째 FMD 실행 후	4월 8일 두번 째 FMD 실행 후	5월 3일 세번 째 FMD 실행 후
체중(kg)	61.6	61.3	60.7	59.9
체지방률(%)	27.7	26.9	25.8	24.6
내장지방(level)	6	6	5	5
근육량(kg)	24.5	24.7	24.7	25

	2019.2.8	2019.4.8	2019.5.3
혈압(mmHg)	102/72	104/70	107/57
혈청지오티	18	22	22
혈청지티피	12	14	12
감마지티피	10	11	13
요소질소	1.0	8	11
크레아티닌	0.7	0.8	0.8
총콜레스테롤(mg/dL)	214	222	241
고밀도콜레스테롤(mg/dL)	68	71	81
저밀도콜레스테롤(mg/dL)	150	151	173
중성지방(mg/dL)	65	42	49
고감도C반응단백(mg/L)	<0.03	0.3	<0.2
공복혈당(mg/dL)	93	70	7.4
공복인슐린(μU/mL)	4.9	1.3	2.0
인슐린유사성장인자(ng/mL)	239.2	196.5	175.9
HOMA-IR	1.1	0.2	0.4
HOMA-β	58.8	67	65

정확히 재서 요리했지만 둘째 달부터는 밥만 계량하고 나머지 채소는 자유롭게 요리했다. 평균 20시간 정도의 공복 시간을 유지했다.

무엇보다 첫날의 공복감에도 불구하고 생활에 무리가 없었다는 것이 큰 힘이 되었다. 극단적인 공복감이 와도 그 느낌이 계속되는 것이 아님을 알게 되자 한결 담대해졌다. 그렇다고 수월하기만 했던 것은 아니다. 언제든 다시 시작할 수 있고 어느 정도 원하는 성과를 얻었다는 자만심이 시작하는 타이밍을 자꾸만 미루게 했고, 심지어는 이틀 차에 룰을 깨서 다시 시작하는 일도 있었다.

두 번째의 FMD를 통해 새롭게 알게 된 점은 다음과 같다. 첫 번째, 결핍에서 비롯된 욕망은 충족되어도 만족의 지속 기간이 짧다는 것이다. 배가 고플 때는 먹을 수만 있으면 모든 시름이 없어질 것 같고, 또 배가 부를 때는 이 느낌에서만 벗어나도 살 것 같지만 모두 체험해보니 그렇지 않다는 것을 알게 되었다. 또한 내가 새로운 체험에 열광하는 사람이라는 것을 알게 되었다. 두 번째 사이클을 시작할 때 남편이 "꼭 그렇게까지 해야 하는 거야?"라고 물었다. 하지만 막상 "그렇다"고 대답하고 나니 스스로 헷갈리기 시작했다. 건강이 좋지 않은 것도 아니고, 살을 많이 빼야 하는 것도 아닌데 굳이 이렇게까지 해야 하나 싶은 의심이 들기도 했다. 요가 지도자 과정을 밟느라 엄청난 체력 소모가 있었지만 그다지 힘들지 않아서 신기했다. 오히려 속이 편안한 상태라 더 몰입되는 느낌까지 들었다. 지금의 삶에 충분히 만족하지만, 내게 온 새로운 체험이 무척 소중하게 느껴졌다.

기타 참가자들의 체험담

〈L1/43세 여성〉

제한된 칼로리와 양을 먹어서 그런지 저녁이 되면 체력이 떨어져서 일찍 잠에 빠지는 건 좋았다. 평소보다 수면 시간도 늘고 숙면을 취할 수 있었다. 적게 먹은 것에 비해 배변 활동도 크게 지장이 없었다. 무엇보다 배고픔을 참는 것이 힘들었다. 첫날뿐 아니라 마지막 날까지 너무 배가 고팠다. 사실 평일에는 일하면서 정해진 일과대로 보내니 크게 힘든 줄 몰랐는데 수요일에 시작해서 일요일까지 FMD를 하다 보니 활동량도 줄고 아이들 식사를 챙겨주느라 다른 요리를 하다 보니 더 힘들었다. 아마 혼자 했다면 방법과 내용을 알고 있어도 성공하지 못했을 것 같다. 서로 격려하고 나누는 것들이 힘이 되었다. 함께하는 커뮤니티의 중요성을 실감했다.

〈J2/44세 여성〉

첫째 날에는 몹시 허기져서 배고프다는 생각에 많이 괴로웠다. 기운이 없고 신경은 예민해지며 집중력도 떨어졌다. 3일째가 되자 고통스러운 단계에서는 조금 벗어났다. 감각이 예민해지며 냄새나 맛에 많이 민감해졌다. 커피를 마셔도 된다는 기쁜 소식을 듣고 바로 커피를 마셨더니 안정을 찾았다. FMD를 하는 5일 동안 운동은 무리라는 생각이 들었다. 도시락을 싸야 하는데 바쁜 날은 쉬운 레시피만 먹다 보니 계속 중복된 식단이 되어버렸다. 대신 배고픔을 잊기 위해 물을 많이 마신 것은 도움이 된 듯하다. 그 어느 때보다 식탐이 많아졌으며 끝나면 뭘 먹을지 계획을 짜며 스스로를 위로했다. 막상 FMD가 끝나고 나니 '이것도 먹고 저것도 먹어야지' 했던 마음과 달리 5일 동안의 노력이 아까워서 아무거나 먹는 것이 주저되었다. 식재료 하나하나에 집중하게 되었고, 하루에 두 번 먹는 끼니가 소중해지니 어떤 것을 먹을지 좀 더 고민하게 되었다. 첫 달은 힘들어서 못하겠다 싶었는데 막상 끝나고 보니 다음에는 조금 더 수월하게 할 수 있겠다는 생각이 들어서 계속 도전해보려 한다.

〈L2/45세 여성〉

오랜만에 배고픔을 느껴서 좋았다. 지난 몇 달간 쓸데없이 많이 먹으면서 배부른 느낌이 불쾌했는데 첫날부터 기분 좋은 공복감이 느껴졌다. 잠도 평소보다 깊이 잘 잤다. 가장 좋았던 건 활발한 배변 활동이다. FMD 직전에 변비가 심했는데, 특별히 배변에 좋은 걸 골라 먹지도 않았는데 이상하게 수월했다. 첫날에는 기력이 딸렸다. 시작 직전 주말에 일이 많아서 잠을 못 자고 스트레스를 받았던 터라 그 때문에 잠이 쏟아지는 줄 알았다. 이제와 생각하니 섭취량이 적어져서 그런 게 아닐까 싶다. 먹을 수 있는 음식을 정해 놓고 그것만 먹는 게 스트레스일 줄 알았는데, 오히려 식탐이 사라졌다. 다른 때는 밥을 먹고 나면 디저트도 먹어야 하고, 간식도 먹고 싶고 배가 부른데도 이것저것 계속 먹는 경우가 많았는데, 내게 허락된 것만 먹은 뒤에는 먹는 것에 대한 생각을 잊고 다른 일에 집중할 수 있었다. 다른 사람이 먹는 걸 봐도 먹고 싶다는 생각이 별로 들지 않았다. 5일이라는 정해진 시간이 있어서인지 식탐은 없어지고, 집중력은 높아지는 효과적인 방법이었다. 개인적인 사정으로 운동을 하지 못했기에 FMD 5일간 대부분 책을 읽거나 글만 썼는데도 저녁에는 배가 고팠고 몸무게가 빠졌다.

FMD 과정 동안 대부분의 사람들은 1일부터 3일까지가 가장 힘들다고 했다. 처음에는 잠이 쏟아지고 피곤하지만 대부분 3일이 지나면 오히려 머리가 맑아지면서 덜 피곤해진다. 이 기간에는 물을 충분히 마셔야 된다. 소변 색깔이 노랗게 나온다면 물을 적게 마셨기 때문이다. 보통 한 시간에 한 번씩 소변을 보고 소변 색깔이 연하면 물을 제대로 마시고 있다는 증거다. 식사량이 줄어서 변비가 오기도 하지만 칼로리에 영향을 끼치지 않는 채소 종류와 물의 양을 늘린다면 변을 보는데 지장을 받지 않을 것이다.

⑤

FMD를 성공하기 위한 습관

함께 시작한다

처음 FMD를 시작할 때는 혼자 하는 것보다 함께하는 것이 낫다. 혼자 시작하면 중간에 그만두는 경우가 많다. 직장 동료나 가족들과 서로 의견을 나누고 식단을 같이 구성하고 만들면서 의욕을 더하면 성공 확률이 높아진다. 중간에 포기하고 싶은 유혹이 생길 때도 서로 의지가 된다. 온라인에서도 동료를 찾아도 좋다. 함께 FMD를 시작하면 멀리 갈 수 있다.

군것질 종류를 정리한다

식탁 위나 책상 위 등 손 닿는 곳에 있는 군것질을 없애자. 무의식 중에 습관처럼 손이 갈 수 있기 때문이다.

도시락을 준비한다

밖에서 밥을 먹어야 한다면 도시락을 준비하는 것이 좋다. 외식으로 FMD를 하기는 어렵다. 하루 세 끼가 식사1, 식사2, 그리고 간식으로 구성되어 있기 때문에 식사1에 신경을 쓰면 된다. 간단히 준비해서 도시락을 챙기자. 식사1을 도시락으로 준비하기 어렵다면 조금 더 간편한 식사2를 챙겨서 점심시간에 먹고 집에서 편하게 식사1로 저녁을 해결하면 된다. 단, 저녁 식사는 8시 이전에 끝낸다.

5일간 외식은 피한다

외식을 하면 FMD 식단을 맞추어 먹기가 쉽지 않다. 건강을 위해서 확보한 5일 중에는 약속이 잡히지 않도록 날짜를 미리 조정하는 것이 좋다. 피치 못할 사정으로 외식을 하게 되다면 식사를 함께하는 사람들에게 양해를 구하고 도시락을 들고 가거나 FMD와 비슷하게 먹을 수 있는 식당을 찾아보자.

술은 자제한다

회식에 가더라도 술을 마시면 안 된다. 술 대신 물을 마신다. 사람들은 회식에 가서 혼자 다른 행동을 하는 것을 두려워한다. 하지만 술자리에서 술을 마시지 않는 사람도 많다. 단지 그런 행동을 해보지 않았기 때문에 어색할 뿐이다. 어색한 행동은 금방 익숙해진다. 자기 자신을 조절하는 것은 다른 사람이 아니라 본인이다. FMD 기간이 아니더라도 술을 마시고 안 마시고는 내 의지대로 결정할 수 있다.

가벼운 운동을 한다

FMD 기간에는 마라톤을 하거나 철인경기를 하거나 장기간의 등산을 하는 등의 격렬한 운동은 피하고 가벼운 운동을 하자. 늘 하던 근력운동이나 가벼운 달리기는 무방하다. 한 번에 15분 이상, 하루 30분 이상은 운동하는 것이 좋다. 물론 평소에 하지 않았다면 억지로 운동을 할 필요는 없다. FMD를 처음 시도하면 배고픔 때문에 힘들어하는데 운동까지 하면 지칠 수도 있다. 하지만 FMD를 통해서 자신의 생활 습관을 바꾸고 싶다면 운동을 함께 시작해 습관으로 만드는 것을 권한다. 자신이 좋아하는 운동을 즐겁게 해보자.

12시간의 공복을 유지한다

5일간 FMD를 실천하고 다시 일상으로 돌아와서는 편하게 먹어도 된다. 하지만 FMD를 해보기 이전과는 달라져 있을 것이다. 5일간의 경험을 통해서 몸이 좋아진 것을 느꼈기 때문에 이전처럼 과하게 먹지는 않을 것이다. 일상으로 돌아오더라도 하루 12시간의 공복은 지키도록 노력하자. 특히 사회생활을 하다 보면 사람들과 회식, 생일파티, 기념일 등을 함께 보내야 된다. 그 안에서 건강을 지킬 수 있는 방법을 찾아야 한다. 과식을 했다면 다음 날 식사 시간과 식사량을 조절하는 것이 좋다. 자신의 건강 상태에 따라 공복 시간을 늘릴 수는 있지만 무리하게 공복 시간을 늘릴 필요는 없다. 무리하게 단식을 하면 사람에 따라서 부작용이 있을 수 있다. 공복 시간은 자신의 컨디션과 체중에 따라서 조절한다.

⑥

FMD Q and A

Q : FMD의 효과는 무엇인가요? 체중 감량에 가장 효과적인가요?

A : 체중 감량만을 원한다면 당연히 굶는 것이 빠른 방법입니다. 하지만 FMD는 무리하지 않고 체중을 감량할 수 있고 꾸준히 정기적으로 실천한다면 몸이 건강해집니다. 축구 경기에 비유하자면 FMD는 화려하게 골을 넣는 스트라이커는 아니지만 경기를 조율하고 적재적소에 공을 공급하면서 경기를 풀어가는 탁월한 미드필더의 역할을 합니다.

Q : FMD는 왜 연속으로 5일간 해야 되나요? 간헐적 단식처럼 5일간 섭취하고 2일간은 24시간 단식을 하는 저열량 식사를 하면 안되나요?

A : 단식을 하면 2일 뒤에 우리 몸이 지방을 태우기 시작합니다. 그

래서 5일간 지속하면 FMD의 효과를 보게 되고 물 단식처럼 허기를 견디며 하는 것이 아니라 먹으면서 체중 조절을 할 수 있다는 장점을 가지고 있습니다. 그리고 FMD는 간헐적 단식과 달리 신체가 정상적인 생체리듬을 유지하면서 5일을 보낼 수 있습니다. 간헐적 단식처럼 무리하게 굶고 먹기를 반복하면 건강이 나빠지는 것은 당연합니다. FMD는 식사를 하면서도 몸 안의 노폐물을 청소하는 자가포식 작용이 일어나서 손상된 세포를 제거하고 건강한 세포로 바꾸는 작용을 합니다. 5일은 몸의 면역기능을 재생시키고 뇌신경세포의 성장을 증가시키는데 필요한 최소한의 기간입니다.

Q : FMD는 평생 실천해야 되나요?

A : 일상생활에서 건강한 식사를 하고 있다면 FMD를 계속할 필요는 없습니다. 정기적으로 체중, 혈압, 혈액검사를 하고 결과가 좋지 않다면 주기적으로 실천할 것을 권합니다. 건강 상태에 따라서 1년에 1~2회 할 수도 있고 한 달에 한 번씩 12회를 할 수도 있습니다.

Q : 20세 이하, 65세 이상도 FMD를 할 수 있나요?

A : 20세 이하의 성장기에는 FMD를 권하지 않습니다. 성장기에는 충분한 영양을 공급하는 것이 중요합니다. 65세 이상이라고 하더라도 만성질환이 있거나 FMD가 도움이 되는 질환이 있다면 의사의 관리 감독하에 주기적으로 FMD를 할 수 있습니다.

Q : 고혈압, 당뇨병, 이상지질혈증, 류마티스관절염 등 질환이 있어도 할 수 있나요?

A : FMD는 만성질환에 도움이 됩니다. 질병이 있다면 의사의 진료를 받고 시작하면 됩니다. 약물 조절이 필요한 경우도 있기 때문입니다.

Q : 질병에 따라서 식단이 달라지나요?

A : 고혈압, 당뇨병, 이상지질혈증, 항암 식단은 건강한 식단과 크게 다르지 않습니다. 건강한 탄수화물과 지방을 섭취하고 단백질은 적지만 부족하지 않게 섭취하고 채소는 많이, 그리고 다양한 색의 채소를 섭취한다는 원칙을 지킵니다. 고혈압이 있는 경우는 아침 저녁으로 두 번씩 혈압을 재고 기록하는 것이 좋습니다. 그리고 당뇨병이 있는 사람은 공복혈당 및 식후혈당을 측정합니다. 콜레스테롤이 높은 사람은 3개월에 한 번씩 주기적인 혈액검사를 통해서 수치를 확인합니다. 건강한 식생활을 실천하면서 어떤 변화가 생겼는지 확인하는 것이 중요합니다.

Q : 칼로리 계산이 힘들어요. 어떻게 하면 칼로리를 쉽게 계산할 수 있나요?

A : 처음 FMD를 하는 사람들은 칼로리 계산을 어려워합니다. 전체 칼로리는 정해져 있습니다. 원칙적으로 첫째 날은 1,100kcal이고 둘째 날부터 다섯째 날까지는 800kcal입니다. 칼로리에 영향을 주는 것은 주로 탄수화물, 단백질, 지방입니다. 탄수화물은 날짜에 상관없이 하루에 375kcal를 섭취할 것을 권장하므로 400kcal 이하로 맞춘다고 생

각하면 쉽습니다. 지방은 첫째 날에 600kcal를 섭취하고, 둘째 날부터 다섯째 날까지는 350kcal를 맞추면 됩니다. 지방은 견과류와 들기름을 이용하면 간단하게 맞출 수 있습니다. 단백질은 10% 정도의 양이므로 70~110kcal로 맞추면 됩니다. 그 외 채소는 칼로리를 많이 차지하지 않기 때문에 다양한 색깔의 채소를 먹고 싶은 만큼 골고루 섭취하면 됩니다. 과일은 칼로리에 영향을 끼치기 때문에 칼로리를 확인하고 먹어야 합니다. FMD를 처음 시작할 때는 어려울 것 같지만 레시피를 따라 하면서 용량을 익히면 다음 번에는 눈대중으로 쉽게 계산할 수 있습니다.

Q : FMD 기간에 남자와 여자가 섭취하는 칼로리에 차이가 있나요?

A : 개인의 특성, 즉 성별, 나이, 키, 체중, 활동량에 따라서 하루에 필요한 칼로리가 다릅니다. 그래서 FMD 기간에도 개인의 특성에 따라서 변화를 주는 것은 가능합니다. 하지만 기본적으로는 첫째 날에 1,100kcal, 2~5일은 800kcal를 추천합니다. 일률적으로 적용하기는 힘들기 때문에 남자는 첫째 날에는 1,500kcal까지 늘려도 되고 2~5일은 1,000kcal까지 허용합니다. 여자는 첫째 날에는 1,200kcal, 2~5일은 900kcal까지 가능합니다. 남자라도 체중이 평균보다 낮고 활동량이 적어서 기초대사량이 적다면 FMD에서 권하는 칼로리를 지키고 여자라도 체중 및 활동량이 많은 경우는 칼로리를 늘립니다.

Q : 나이에 따라서 칼로리를 조절하나요?

A : 나이에 따라서 따로 조절하지는 않습니다.

Q : 체중에 따라서 칼로리를 조절하나요?

A : 일반적으로 체중에 따라 하루 권장 칼로리가 다르지만 FMD 기간은 체중에 따라 따로 조절하지는 않습니다.

Q : FMD를 하면 체중이 얼마나 줄어드나요?

A : FMD를 한다고 해서 체중이 많이 빠지지는 않습니다. 사람에 따라 차이가 있지만 보통 한 달에 한 번씩 5일간 실천하면 평균 1~2kg 정도의 체중이 감소합니다. FMD는 무리하게 체중을 줄이는 다이어트가 아니라 건강하게 체중을 조절하는 식이요법입니다.

Q : FMD 전날과 다음 날은 식사를 조절해야 되나요?

A : 단식처럼 끝난 뒤에 보식을 해야 하는 것은 아닙니다. 보식은 단식을 마치고 음식을 먹기 시작하여 일반적인 식사까지 회복하는 과정입니다. 단식의 효과는 회복식을 하는 보식 과정에서 결정된다고 할 만큼 보식이 중요합니다. 하지만 FMD는 완전한 단식이 아니기 때문에 엄격하게 미음 종류를 먼저 먹고 죽 종류로 바꾼 뒤 일반적인 식사를 하는 것처럼 철저한 보식을 할 필요는 없습니다. FMD를 마친 다음 날만 가볍게 식사를 하면 됩니다. 뷔페에 가서 과도하게 먹거나 평소의 두 배를 먹을 정도로 폭식하는 것은 피하도록 합니다.

Q : FMD를 5일 동안 실시한 뒤 나머지 25~26일에는 먹고 싶은 것을 마음껏 먹어도 FMD의 효과가 유지되나요?

A : 대부분의 사람들은 FMD를 5일간 실천하고 나면 다시 일상으로 돌아가더라도 이전처럼 인스턴트식품과 가공식품 등을 많이 먹거나 빈번하게 과식을 하지 않습니다. FMD를 통해서 건강해진 것을 체험한 사람들은 이전과는 달라집니다. 하지만 예전 습관으로 돌아가서 나쁜 음식을 먹고 몸이 안 좋아지는 것을 느낀다면 다시 FMD를 실천합니다.

Q : 공복 시에 음료수를 마시거나 운동할 때 근육강화제, 아미노산보충제 등을 섭취해도 되나요?

A : FMD 식단으로 공복의 효과를 보려면 최소 열두 시간은 공복을 지키는 것이 좋습니다. 공복 기간에는 근육강화제, 아미노산보충제 등은 섭취하지 않고 평소에도 무리하게 근육을 늘리기 위해 이런 약을 섭취하는 것은 권하지 않습니다.

Q : FMD 시에 건강보조제나 건강 식품을 섭취해도 되나요?

A : 평소에 먹던 영양제는 FMD 기간에 그대로 섭취하면 됩니다. 평소에도 종합영양제, 미네랄, 오메가-3 등은 섭취하는 것이 좋습니다. 특히 롱고 박사도 2~3일에 한 번씩 종합비타민과 오메가-3를 먹으라고 했습니다. 함량이 충분히 들어 있는 종합비타민과 오메가-3는 매일 먹는 것이 좋습니다. 나이, 성별, 본인의 건강 상태에 따라 비타민D, 유산균도 추가로 권합니다.

Q : 음식 섭취량이 평소보다 적은데 변비에 걸리지 않나요? 변비에

걸리면 어떻게 해야 하나요?

A : 첫날부터 3일째까지는 변비가 올 수도 있습니다. 그럴 때는 칼로리에 영향을 끼치지 않는 채소와 물의 양을 늘리면 됩니다.

Q : 어지럼증을 호소하는 경우가 있던데 어지럼증을 느껴도 FMD를 지속해도 될까요? 빈혈 환자도 할 수 있나요?

A : 어지럼증이 있다고 빈혈이 있는 것은 아닙니다. 어지럼증이 생겨도 대부분은 없어집니다. 하지만 어지럼증이 3일 이상 지속되거나 증상이 점점 심해진다면 진료를 받아야 합니다. 실제 혈액검사상 빈혈이 있다면 FMD를 추천하지는 않습니다.

Q :미국에서는 FMD 식단 키트를 판매하고 있고 국내에서도 판매하는 업체가 생기고 있는데 이렇게 구입해서 먹는 제품도 괜찮은가요?

A : 미국에서 판매하는 제품은 롱고 박사가 추천해서 만든 것입니다. 임상연구를 거친 제품이라 구할 수 있다면 이용해도 됩니다. 국내에서 식단을 구성해서 도시락으로 판매하는 제품은 구성 성분과 위생 상태 등을 잘 살펴보고 선택하는 것이 좋습니다.

4장

FMD 식단

①

FMD에 한식을 적용

한식의 특징

한식은 고유하고 전통적인 우리 음식으로 궁중 요리부터 각 지방 요리, 그리고 현대화된 음식까지 재료와 조리법이 무척 다양하다. 한국은 기후와 풍토가 농사에 적합하여 신석기시대 이후 잡곡 농사로 농업이 시작되었고, 벼농사로 이어졌다. 이후 곡물은 한국 음식 문화의 중심이 됐고 삼국시대 후기부터 밥과 반찬으로 주식, 부식을 분리한 한국 고유의 일상식이 형성됐다. 주로 밥, 죽, 떡, 국수, 만두, 수제비 등의 곡물과 콩으로 메주를 쑤어 장을 담그는 발효 음식이 발달했다. 채소뿐 아니라 산나물, 들나물 등을 이용해서 생채, 쌈, 나물, 김치를 만들고 계절에 따라 밥상을 다채롭게 차릴 수 있었다. 전통적인 한식은 밥, 국, 김치와 함께 여러 가지 반찬으로 이루어지며 거의 모든 식단에 김치가 나온다. 한식은 채소 중심으로 구성되어 있는데 우리는 주로 채소를 익히고 무쳐서 나물로 먹는다. 나물 중심 식단으로 식사하면 식이섬유와 파이토케미컬Phytochemical을 충분히 섭취할 수 있다. 더불어 채소에 있는 미량영양소인 비타민과 미네랄도 자연스럽게 섭취하게 된다. 미량영양소는 소량이 필요하지만 생명과 건강을 유지하는 데 필수적인 영양소다.

한식의 단점

한식은 건강한 음식이지만 몇 가지 단점이 있다. 첫 번째는 발효 음식이라는 점이다. 된장, 고추장, 간장 같은 장, 젓갈, 김치 등은 모두 발효 음식이다. 인류가 발효 음식을 먹게 된 이유는 음식을 오래 보관하기 위해서다. 하지만 요즘은 냉장고가 있어서 굳이 발효를 시킬 필요가 없다. 발효를 통해서 좋은 미생물만 번식하면 좋겠지만 발효 과정에서는 다양한 잡균들이 함께 번식할 가능성이 있다. 발효 음식에 포함되어 있는 바이오제닉 아민은 단백질을 함유한 식품이 부패하거나 발효하는 과정에서 만들어진다. 음식을 저장하는 과정에서 생성되는 분해산물이 사람에게 유익하면 발효라고 하고 악취나 독성 등으로 해를 끼치면 부패라고 부른다. 과학적으로는 발효와 부패는 동일한 과정이다. 그래서 발효 식품은 무조건 좋다는 생각보다는 발효 식품의 장단점을 잘 파악하고 섭취하는 것이 현명하다.

두 번째는 김치다. 김치는 발효 과정을 통해서 완성되기 때문에 발효 식품인 동시에 소금을 사용하는 절임 채소다. 김치에는 배추뿐 아니라 양념으로 쓰이는 다양한 종류의 채소들이 함께 들어간다. 마늘, 파, 생강에는 몸에 유익한 파이토케미컬 등이 들어 있고 고추에는 캡사이신이 들어 있어서 항산화, 항염증, 항암 효과가 있을 것으로 기대된다. 하지만 1인분 분량의 김치 60g을 섭취하면 700mg이나 되는 나트륨까지 함께 섭취한다. 특히 절이는 과정에서 칼륨이 빠져나가면서 나트륨이 많아지기 때문에 많이 먹으면 고혈압 환자에게는 악영향을 끼친다. 김치를 건강하게 먹고 싶다면 싱겁게 절이고 발효가 잘된 젓갈을 최소한으로 사용해서 만들어야 한다. 서양의 샐러드처럼, 소금은 줄이고 담백하게 담근 김치를 먹는 것이 좋다.

세 번째는 국, 탕, 찌개, 찜과 조림 종류가 많다는 것이다. 국, 탕, 찌개, 찜과 조림이 대표적이다. 국, 탕, 찌개, 찜, 조림 종류는 짜고 매운 음식이며 그렇기에 밥을 많이 먹게 된다. 탄수화물의 섭취가 늘어나고 비만으로 이어질 수도 있다. 이런 종류의 요리를 만들 때는 최대한 짜고 맵지 않게, 밥 없이 먹어도 될 정도로 간을 약하게 하는 것이 좋다. 국물 종류를 먹을 때는 젓가락을 사용하여 건더기만 먹고 국물은 마시지 않는 습관을 들이는 것도 좋다. 음식을 짜게 먹으면 혈압에도 영향을 끼치지만 궁극적으로는 위암을 일으킬 수도 있다.

네 번째는 젓갈 종류다. 흔히 밥과 함께 먹는 젓갈로 명란젓, 오징어젓, 굴젓 등이 있다. 그 외에도 요리를 만들 때 멸치젓, 새우젓, 까나리액젓 등을 양념으로 사용한다. 주로 감칠맛을 낼 목적으로 넣는다. 감칠맛이란 음식이 '입에 당기는 듯 맛깔스러운 맛'이라는 의미인데, 단맛, 신맛, 짠맛, 쓴맛과 함께 음식의 기본적인 맛인 셈이다. 단맛도 짠맛도 신맛도 쓴맛도 아닌 맛있는 맛을 표현하는데 쓰던 말이다. 과학자들은 감칠맛이 실제로 기본 맛 중 하나에 해당하는지 오랫동안 논쟁을 해왔다. 감칠맛은 오랫동안 지속되며 혀를 덮는 듯한 수프 또는 고기 맛으로 군침이 돌게 한다. 감칠맛은 인간과 동물의 혀에 있는 특수 수용체 세포에서 글루타메이트Glutamate의 카복실레이트Carboxylate 음이온을 감지할 때 느껴지는 미각이다. 산성형 글루타메이트는 감칠맛을 거의 내지 않는다. 반면 글루타메이트의 염은 쉽게 이온화되어 독특한 감칠맛을 낸다. 감칠맛은 기본적으로 맛의 균형을 유지하고 요리의 맛을 완성하고 광범위한 음식의 맛을 높여준다.

냉장고가 없던 시절에 어패류를 효과적으로 보관하기 위해 소금에 절이는 방식을 택했고 어패류를 소금에 절이면 부패를 막아주고 발효가 일어나서 독특한 맛이 난다. 우리나라뿐 아니라 동남아시아의 여러 나라에서도 '피시소스Fish Source'라 불리는 젓갈을 많이 사용한다. 중국의 굴소스, 베트남의 느억맘, 태국의 남플라는 우리의 젓갈 또는 액젓과 매우 유사하다. 그런데 젓갈의 재료인 어패류는 단백질이 매우 풍부하다. 단백질이 풍부한 재료가 발효 과정을 거치면 바이오제닉 아민이 생성될 가능성이 크다. 실제로 시판되는 젓갈류를 수거해 바이오제닉 아민 함유량을 분석해본 결과 몇몇 젓갈류에서는 안심할 수 없는 수준인 것으로 나타났다.

바이오제닉 아민은 여러 가지가 있다. 티라민은 가장 강력한 혈압 증진 아민으로 고혈압을 유발할 수 있으며 두통, 우울증, 알츠하이머병, 파킨슨병을 갖고 있는 사람에게는 활성저해물질 때문에 무독화 시스템이 작동되지 않아 심각한 위해를 초래할 수 있다. 히스타민은 혈관 내에 분비되어 심혈관계 등에 여러 증상을 일으킨다. 피부에는 발진, 두드러기, 부종, 국소염증 등을, 위장관에는 메스꺼움, 구토, 설사, 복통 등을 일으키며, 저혈압, 두통, 두근거림, 홍조, 히스타민중독증 등을 유발하기도 한다. 또한 바이오제닉 아민은 니트로사민Nitrosamine 같은 발암물질로 전환될 수 있는 위험한 잠재성도 가지고 있다.

이러한 한식의 단점을 극복하기 위한 방식은 바로 저온 발효와 저온 저장이다. 발효 온도를 30°C 이하로 낮추고 저장 온도를 4°C 이하로 유지하면 바이오제닉 아민 생성을 줄일 수 있다. 최대한 음식 고유의 맛을 살려서 신선하게 먹는 것이 좋고 식재료는 냉장고에 보관하며 가능한 빨리 소비하는 것이 좋다. 발효 과정과 저장 과정에 주의하고 양념을 짜지 않게 만들면 건강한 한식이 된다. 김치, 소금, 정제된 탄수화물 등을 피하고 꼭 필요할 때는 최소한만 사용한다. 자극적이지 않은 음식, 간이 세지 않은 음식의 깊은 맛을 자주 접하면서 원래의 맛을 즐겨보자.

참고자료

1 〈한식의 배신〉, 이미숙, 위즈덤하우스, 2013

②

한국인을 위한 FMD 식단

FMD 식단표

한식은 보통 밥, 국이나 찌개, 그리고 여러 가지 반찬으로 구성된다. FMD 식단 또한 한식 밥상으로 구성할 수 있지만 바쁜 현대인들이 한상을 차려서 먹기는 번거로운 일이다. 이렇게 한상을 차려야 한다면 비록 5일이지만 FMD를 실천하기 쉽지 않을 것이다. 그래서 한식의 단점을 보완하고 장점은 살려서 한국인을 위한 식단으로 재구성했다. 물론 서양 음식의 장점도 도입했다. 시간에 쫓기는 직장인들도 직접 준비할 수 있도록 어렵지 않게 만들었다.

식사1은 채식, 해산물을 이용한 식사, 간단하게 준비할 수 있는 간편

〈FMD 식단 칼로리〉

	식사1				식사2	간식	총칼로리
	채식	해산물식	간편식	건채소식			
1일	660	660	660	660	300	140	1,100
2일	360	360	360	360	300	140	800
3일	360	360	360	360	300	140	800
4일	360	360	360	360	300	140	800
5일	360	360	360	360	300	140	800

-단위: kcal

식, 그리고 말린 채소를 이용한 건채소식으로 구성을 했다. 간편식은 말 그대로 간단하게 준비해서 먹을 수 있는 식단이다. 도저히 요리할 시간이 없다면 간편식으로 5일 동안 FMD를 진행해도 된다. 채식, 해산물식, 간편식, 건채소식을 제시했지만 FMD를 하는 동안 오직 한 종류만 먹을 필요는 없다. 식단은 서로 바꿔서 구성해도 된다. 각각의 식단을 바꾸더라도 문제가 없도록 칼로리와 탄수화물, 단백질, 지방을 맞췄다.

칼로리 표를 참고해서 첫째 날은 1,100kcal를 맞추고, 둘째 날부터 다섯째 날까지는 하루에 800kcal를 맞춰서 자신이 먹고 싶은 대로 식단을 구성하면 된다.

FMD 식단의 기본 원칙

1 하루 세 끼를 칼로리가 상대적으로 높은 식사1(든든한 식사)과 식사2(가벼운 식사), 그리고 간식으로 나눈다.

2 FMD는 총 5일이며 첫째 날은 1,100kcal, 나머지 4일은 800kcal를 섭취한다.

3 식사1은 영양소가 골고루 들어가도록 챙겨 먹는다. 1일은 660kcal, 2~5일은 360kcal를 섭취한다.

4 식사2는 가볍게 먹는다. 1~5일 모두 300kcal로 맞춘다.

5 간식은 간단히 견과류와 과일을 준비한다. 총 140kcal를 섭취한다.

6 식사1, 2는 아침, 점심, 저녁 중 편한 시간에 섭취하면 된다. 단, 너무 늦은 시간에 먹으면 소화가 잘되지 않고 역류성식도염이 생길 수 있으니 저녁 8시 이전에 모든 식사를 마치는 것이 좋다.

7 열두 시간 안에 식사1, 2와 간식을 모두 섭취하고 공복을 열두 시간 유지한다.

식사1

우리의 주식은 쌀이다. FMD는 백미 대신 현미와 현미찹쌀을 권한다. 비빔밥, 볶음밥, 영양밥, 덮밥, 김밥, 쌈밥, 주먹밥 등 밥과 반찬을 따로 만드는 것이 아니라 한 그릇에 모든 것을 담는 일품요리로 구성했다. 한 그릇만 먹어도 각종 영양소를 골고루 섭취할 수 있고 칼로리도 적절하게 맞추어 FMD의 효과를 최대한 살릴 수 있다. 한 그릇 요리는 먹기도 편리하지만 치우고 설거지하기도 편하다. 아래의 여섯 가지의 음식 중 선택해서 식사1로 섭취한다.

1 비빔밥 : 각종 채소를 생으로 또는 익혀서 밥 위에 얹고, 양념을 넣어 비벼서 먹는다. 비빔밥에 들어가는 단백질로 무엇을 사용하느냐에 따라 다양한 비빔밥을 만들 수 있다. 이 책에서는 된장과 간장, 두 가지 양념장을 사용했다.

2 덮밥 : 밥 위에 채소나 각종 재료를 얹어서 먹는다. 오므라이스, 카레라이스, 짜장밥 등 다양한 종류를 먹을 수 있지만 고기는 넣지 않는다.

3 영양밥 : 영양이 풍부한 재료를 넣어서 밥을 짓는다. 다양한 채소를 활용해서 만들 때마다 맛의 변화를 줄 수 있다. 양념장을 넣어 비벼서 먹을 수도 있다.

4 볶음밥 : 어떤 재료를 사용하는지, 어떤 기름으로 볶는지에 따라 여러 종류의 볶음밥을 만들 수 있다.

5 김밥, 주먹밥, 쌈밥 : 김밥은 미리 말아도 좋고 즉석에서 원하는 재료를 넣어 싸 먹어도 된다. 주먹밥은 다진 재료와 밥을 섞어서 작게 뭉쳐서 만든다. 쌈밥은 재료를 넣고 채소에 싸서 먹는다. 도시락 메뉴로 좋다.

6 간편식 : 재료를 따로 요리하지 않고 생으로 먹거나 쪄서 먹거나 구워서 먹는 방법이다. 시간이 부족할 때 편리하다.

식사2

우리나라 사람들이 예전부터 즐겨 먹었던 죽이나 누룽지를 이용했다. 김치는 짜고 매워서 탄수화물을 많이 섭취하게 되므로 권하지 않는다. 대신 샐러드를 적극적으로 활용했다. 샐러드는 채소를 그대로 먹을 수 있다는 장점이 있다. 재료가 가지고 있는 고유의 맛도 느낄 수 있다. 샐러드에 곁들이는 드레싱은 건강에 좋은 불포화지방이 풍부한 올리브유나 들기름을 사용한다. 샐러드에 견과류를 얹어서 먹으면 지방까지 보충할 수 있어서 더 좋다. 만약 들기름이 부담스럽다면 들깨가루로 대체해도 된다.

간편하게 만들어 먹을 수 있는 스무디도 추천한다. 한 번에 넉넉하게 만들어서 냉장고에 보관하면 3일 정도는 먹을 수 있다. 냉장고에 보관했다가 데워서 먹어도 된다. 죽도 3일 정도 보관 가능하다. 식사2는 아래의 다섯 가지의 음식 중 선택해서 먹는다.

1 죽 : 주로 곡물로 만들지만 다양한 재료를 사용할 수 있다. 자극이 적고 삼키기가 쉬워서 환자식으로도 좋다.

2 스무디 : 채소 종류를 삶아서 갈고 과일은 생으로 넣어서 만든다. 식사로 먹고 싶다면 단호박이나 고구마, 두유, 견과류를 추가해서 탄수화물과 단백질, 지방을 보충하면 된다.

3 샐러드 : 음식을 먹기 전에 샐러드를 먹으면 과식을 방지할 수 있다. 식사 대용으로 샐러드를 먹는다면 두유 또는 현미누룽지 등을 같이 먹어서 영양소를 보충한다.

4 두유 : 직접 만들어서 먹을 수도 있고 시판하는 것을 먹어도 된다. 무첨가 두유를 추천한다. 단맛이 적어 밍밍하게 느껴질 수도 있지만 당분을 첨가한 두유보다 칼로리가 낮고 건강하다.

5 현미누룽지 : 현미로 누룽지를 만들어 물을 붓고 끓여 먹는다. 현미로 밥을 지어서 누룽지를 미리 만들어두면 편리하다.

간식

견과류와 과일은 간식으로 먹는다. 세 끼 중 한 끼를 간식으로 대체한다면 식사를 준비하고 먹는 시간까지 절약할 수 있다. FMD 기간이 아니라도 견과류와 과일은 출출할 때 먹으면 좋다. 과자, 초콜릿, 인스턴트식품보다 칼로리가 낮고 인슐린 분비를 자극하지 않기 때문에 체중까지 조절되는 일석이조의 방법이다.

1 과일 : 제철 과일을 먹는다. 사과, 배, 감, 딸기, 바나나, 귤, 포도, 참외, 수박 등을 추천한다. 과일은 아니지만 방울토마토도 좋다.

2 견과류 : 호두, 아몬드, 잣, 캐슈너트, 땅콩, 해바라기씨 등.

③

식재료 준비와 요리

장보기와 밑준비

요즘은 마트도 곳곳에 있고 온라인에서도 재료를 구입할 수 있지만 장을 잘 보려면 요령이 필요하다. 나는 병원에서 점심을 만들어 먹기 때문에 주로 출근길에 일주일 동안 먹을 재료를 한 번에 구입한다. 주중에 여러 번 장을 보는 것보다 시간이 절약되고 과소비를 막을 수 있다. FMD 식단을 위해 장을 볼 때도 5일치를 한꺼번에 구입하는 게 좋다. 5일 동안의 FMD 식단에 필요한 재료는 요리하기 편하게 미리 다듬어 둔다. 재료를 다듬는 시간이 오래 걸리는 채소는 한 끼 분량에 맞게 계량한 뒤 다듬어서 냉장실에 보관한다. 요리할 때마다 저울을 이용해서 분량을 재는 것이 번거롭지만 반복하다 보면 어림으로 계량할 수 있다. 요리 순서에 따라 다른 채소들을 섞어서 준비해도 좋다. 채소를 채 썰어서 담아두면 평소에도 생각날 때마다 쉽게 먹을 수 있고, 다듬은 채소에 소스만 넣으면 샐러드로 먹을 수도 있다. 게다가 비빔밥, 덮밥, 볶음밥, 등의 요리에 바로 사용할 수 있기 때문에 요리 시간이 줄어든다. 잘라둔 채소는 냉장고에서 5일 정도 보관이 가능하다.

채소 준비

1 색깔에 따라 파이토케미컬이 다르기 때문에 다양한 색의 채소를 준비한다.
빨간색 : 파프리카, 딸기, 비트, 토마토
주황색 : 파프리카, 당근
노란색 : 파프리카, 호박
초록색 : 피망, 애호박, 브로콜리, 시금치, 케일
검은색 : 검은콩, 검은깨
흰색 : 양파, 버섯, 마늘
보라색 : 가지, 자색고구마

2 조리 방식에 따라 생으로 먹는 것, 살짝 볶는 것, 삶는 것으로 나눈다.

3 손질해서 통에 담은 뒤 냉장고에 보관해두면 요리할 때 바로 사용할 수 있다. 미리 채 썬 채소는 비빔밥을 만들 때 이용할 수 있고 볶음밥을 할 때는 조금 더 다져서 사용하면 된다. 카레라이스를 한

다면 채소를 끓는 물에 넣고 삶은 뒤 카레만 넣으면 된다.

5 나물은 씻고 삶고 무치는 과정을 거쳐야 한다. 시간을 줄이려면 손질된 나물을 구입하거나, 시간이 있을 때 미리 삶아서 물기를 짠 뒤 비닐백에 넣어서 냉동실에 얼려 둔다. 비닐백에 보관할 때는 재료별로 필요량씩만 따로 보관하면 편리하다. 요리할 때 꺼내서 끓는 물에 넣고 살짝 데치거나 자연 해동하면 바로 사용할 수 있다.

요리하기

요리를 자주 하지 않는 사람은 요리가 어렵다고 지레 겁먹고 포기하는 경우가 다반사다. 하지만 요리는 기본만 익히고 나면 입맛에 맞게 마음껏 변형시킬 수 있는 자유로운 작업이다. 요리를 시작해보면 자신이나 가족, 주변 사람을 위해서 건강한 음식을 만드는 것이 무척 신나고 행복한 시간이라고 깨닫게 될 것이다.

이 책에서 소개하는 메뉴는 FMD뿐만 아니라 평소에도 충분히 활용할 수 있는 기본적인 한식이다. 계량이나 과정, 재료에 너무 집착하지 말고 편안하게 요리하다 보면 점점 자신만의 방법을 터득하게 되고 조금씩 색다르게 만들수 있을 것이다. 세상에 그 무엇보다 소중한 나에게 잘 고른 재료로 만든 좋은 음식을 줘야 하지 않을까? 내가 없으면 이 세상은 존재하지 않는다. 내가 존재하려면 내 몸이 건강해야 하는 건 당연하다. 그러니 정성껏 요리해서 여유롭게 먹자.

FMD —— 메뉴

첫째 ——— 달

첫째 달 — 1일

〈메뉴와 영양 성분〉

	메뉴	총칼로리	탄수화물	단백질	지방
식사1	낫토비빔밥과 된장소스	578	191	95	312
식사2	바나나고구마스무디	282	154	40	120
간식	사과, 호두, 들기름	230	50		180
	합계	**1,090**	**396**	**135**	**612**
기준	1일 섭취량	1,100	374	110	616

간식

사과 80g(중 1/3개), 호두 8g, 들기름 10ml

◆ 간식은 하루 중 원하는 시간에 먹는다. 들기름은 그대로 마신다.

〈미리 준비하세요〉

현미밥 짓기(5인분(600g))

현미 300g, 찰현미 300g, 물 800ml

① 현미와 찰현미를 씻어서 물을 붓고 여름은 4시간, 겨울은 6시간 정도 불린다. 불리는 시간은 취향과 밥솥의 성능에 따라 달라진다.

② 불린 물은 버리고 밥솥에 물기를 뺀 뒤 현미, 찰현미를 담고 물을 붓는다.

③ 밥을 짓고 식힌 뒤 한 끼 분량씩 담아서 냉동실에 보관한다.

◆ 식단에는 현미밥의 무게로 표기했다.

식사1

낫토비빔밥과 된장소스

재료

현미밥 120g, 파프리카(노랑, 빨강) 60g, 낫토 50g, 느타리버섯 50g, 애호박 50g, 당근 50g, 현미유 5ml

된장소스 된장 20g, 두부 20g, 호두 16g, 양파 10g, 들기름 10ml

만드는 법

① 느타리버섯은 찢고 애호박, 당근, 파프리카는 채 썬다.

② 팬에 현미유를 두르고 **1**을 모두 넣어서 볶는다.

③ 두부를 으깨고 호두와 양파를 다진 뒤 된장, 들기름을 넣고 섞어서 된장소스를 만든다.

④ 현미밥을 그릇에 담고 **2**와 낫토를 올린다.

⑤ 된장소스를 곁들인다.

◆ 된장소스는 쌈밥을 먹을 때도 활용할 수 있다.

식사2

바나나 고구마스무디

재료

바나나 50g, 당근 50g, 브로콜리 50g, 양배추 40g, 고구마 30g, 연근 30g, 해바라기씨 15g, 아몬드 10g, 물 200ml

만드는 법

① 고구마, 당근, 브로콜리, 양배추, 연근은 적당한 크기로 잘라서 냄비에 넣고 물을 부은 뒤 익을 때까지 10분 정도 끓인다.

② 바나나는 껍질을 벗기고 갈기 좋게 자른다.

③ **1**을 식힌 뒤 **2**와 함께 믹서에 넣고 곱게 간다.

④ 해바라기씨, 아몬드를 올린다.

간식
식사2
식사1

〈메뉴와 영양 성분〉

	메뉴	총칼로리	탄수화물	단백질	지방
식사1	고구마찜과 대구살구이 채소스틱	306	175	65	86
식사2	브로콜리두부죽	321	166	50	130
간식	배, 잣, 들기름	140	50		90
	합계	**767**	**391**	**115**	**306**
기준	1일 섭취량	800	376	72	352

간식

배 110g(대 1/4개), 잣 8g, 들기름 5ml

◆ 간식은 하루 중 원하는 시간에 먹는다. 들기름은 그대로 마신다.

식사1

고구마찜과 대구살구이 채소스틱

재료

고구마찜 고구마 80g
대구살구이 대구살 50g, 현미유 3ml, 쪽파 1g, 전분가루 2g, 소금 1g, 후추 1g
채소스틱 당근 30g, 파프리카(노랑, 빨강) 60g, 오이 50g, 셀러리 30g

된장소스 된장 8g, 파프리카(빨강) 20g, 표고버섯 10g, 브로콜리 10g, 깻잎 1g, 해바라기씨 간 것 3g, 참깨 3g, 조청 2g, 참기름 2ml

만드는 법

· 고구마찜

① 고구마를 깨끗이 씻고 큰 것은 반으로 자른다.

② 김이 오른 찜기에 고구마를 올리고 15분 정도 익힌다.

③ 젓가락으로 찔렀을 때 잘 들어가면 다 익은 것이다.

· 대구살구이

① 대구살은 흐르는 물에 씻은 뒤 종이타월로 눌러 물기를 제거하고 소금과 후추로 밑간하여 10분 정도 둔다.

② 대구살에 전분가루를 앞뒤로 살짝 묻힌다.

③ 달군 팬에 현미유를 두르고 대구살을 올려 앞뒤로 노릇하게 굽는다.

④ 쪽파를 다져서 올린다.

· 채소스틱

① 당근, 파프리카, 오이, 셀러리는 8~10cm 크기로 길게 자른다.

② 채소스틱을 된장소스에 찍어 먹는다.

· 된장소스

① 파프리카, 표고버섯, 브로콜리, 깻잎은 잘게 썬다.

② 냄비에 참기름을 두르고 1을 넣고 재료가 살짝 익도록 볶는다.

③ 된장, 해바라기씨, 참깨를 넣고 조금 더 볶는다.

◆ 된장소스는 2주 정도 냉장 보관이 가능하니 넉넉히 만들어 쌈밥 등의 메뉴에 활용한다.

식사2

브로콜리 두부죽

재료

현미밥 120g, 두부 40g, 브로콜리 70g, 양파 40g, 마늘 10g, 잣 8g, 들기름 5ml, 소금 1g, 물 300ml

만드는 법

① 브로콜리, 양파, 마늘은 다진다.

② 현미밥에 **1**의 재료와 물을 넣고 저어가며 10분 정도 끓인다.

③ 두부는 1cm 크기로 깍둑썰기 한다.

④ 두부를 넣고 좀 더 끓이다가 소금으로 간을 맞추고 들기름을 두른다.

⑤ 잣을 올린다.

첫째 달 3일

〈메뉴와 영양 성분〉

	메뉴	총칼로리	탄수화물	단백질	지방
식사1	뿌리채소영양해물밥	310	199	48	78
식사2	두부구이월남쌈과 호두두유	315	134	63	135
간식	방울토마토, 아몬드, 들기름	140	50		90
	합계	**765**	**383**	**111**	**303**
기준	1일 섭취량	800	376	72	304

간식

방울토마토 300g(20개 정도), 아몬드 8g(14개), 들기름 10ml

◆ 간식은 하루 중 원하는 시간에 먹는다. 들기름은 그대로 마신다.

〈미리 준비하세요〉

대두 삶기

① 대두를 씻은 뒤 물을 넉넉히 붓고 1시간 정도 푹 삶는다.

② 대두를 체에 밭쳐 30분 정도 식힌다.

③ 식으면 한 끼 분량씩 담은 뒤 냉동 보관한다.

◆ 대두를 삶아 1인분씩 소분해 냉동해두고 필요할 때 사용하면 편리하다.

식사1

뿌리채소 영양해물밥

재료

현미 25g, 찰현미 25g, 물 700ml, 홍합 45g, 연근 30g, 단호박 30g, 당근 30g, 우엉 20g, 표고버섯 10g, 은행(껍질 깐 것) 10g, 잣 8g, 대추 5g, 다시마 5×5cm 1장

양념장 간장 5ml, 고추 다진 것 3g, 참깨 2g, 식초 2ml

만드는 법

① 현미와 찰현미는 4~6시간 정도 불린다.

② 대추는 씨를 제거한 뒤 채 썬다.

③ 연근, 단호박, 당근, 우엉, 표고버섯은 1cm 크기로 깍둑썰기 한다.

④ 홍합은 살살 흔들어 씻은 뒤 물기를 제거한다.

⑤ 솥에 현미, 찰현미, 물을 넣고 **3**과 홍합, 은행, 잣, 대추를 넣고 다시마를 올린 뒤 압력솥에 밥을 짓는다.

⑥ 분량의 재료를 모두 섞어서 양념장을 만든 뒤 밥에 곁들인다.

◆ 홍합은 계절에 따라서 굴 50g, 또는 전복 45g으로 대체 가능하다.

식사2

두부구이월남쌈과 호두두유

재료

두부구이월남쌈 두부 40g, 팽이버섯 20g, 파프리카(빨강, 노랑) 60g, 양파 30g, 오이 30g, 무순 10g, 라이스페이퍼 4장, 현미유 3ml

드레싱 청양고추 다진 것 2g, 설탕 2g, 간장 2ml, 감식초 2ml, 맛술 1ml

호두두유 대두 삶은 것 50g, 호두 8g, 물 150ml

만드는 법

· 두부구이월남쌈

① 팽이버섯은 밑동을 자른 뒤 적당히 나누고 무순은 씻어서 물기를 제거한다.

② 파프리카, 양파, 오이는 가늘게 채 썬다.

③ 두부는 채소 길이에 맞춰서 자른 뒤 종이타월로 눌러 물기를 제거한다.

④ 분량의 재료를 섞어 드레싱을 만든다.

⑤ 달군 팬에 현미유를 두른 뒤 두부를 넣고 노릇하게 굽는다.

⑥ 라이스페이퍼는 따뜻한 물에 살짝 적신 뒤 건진다.

⑦ 라이스페이퍼에 두부와 준비한 **2**의 채소, 팽이버섯을 올리고 보기 좋게 돌돌 말아서 드레싱을 곁들인다.

· 호두두유

① 대두와 호두, 물을 믹서에 넣고 곱게 간다.

◆ 두유에 검은깨, 들깨가루 등을 넣어도 좋다.

첫째 달 4일

〈메뉴와 영양 성분〉

	메뉴	총칼로리	탄수화물	단백질	지방
식사1	채소볶음밥과 콩비지	281	182	33	94
식사2	단호박스무디	290	159	46	130
간식	딸기, 캐슈너트, 들기름	140	50		90
	합계	**711**	**391**	**79**	**314**
기준	1일 섭취량	800	376	72	352

간식

딸기 150g(중 7개 정도), 캐슈너트 8g, 들기름 10ml

◆ 간식은 하루 중 원하는 시간에 먹는다. 들기름은 그대로 마신다.

식사1

채소볶음밥과 콩비지

재료

현미밥 120g, 콩비지 100g, 당근 20g, 브로콜리 20g, 애호박 20g, 파프리카(빨강, 주황) 20g, 양파 20g, 대파 10g, 들기름 8ml, 물 50ml, 소금 2g, 홍고추 약간

만드는 법

① 당근, 브로콜리, 애호박, 파프리카, 양파는 잘게 자른다.

② 달군 팬에 들기름을 두르고 **1**의 채소를 넣고 3분 정도 볶는다.

③ **2**에 현미밥을 넣고 볶다가 소금으로 간을 맞추고 채소볶음밥을 완성한다.

④ 대파는 잘게 송송 자르고 홍고추도 송송 자른다.

⑤ 작은 냄비에 콩비지, 물을 넣고 데우다가 대파, 홍고추를 넣고 1분 정도 끓인다.

⑥ 완성된 채소볶음밥과 콩비지를 함께 먹는다.

식사2

단호박 스무디

재료

단호박 100g, 토마토 100g, 당근 50g, 브로콜리 50g, 양배추 40g, 연근 30g, 해바라기씨 15g, 아몬드 10g, 물 200ml

만드는 법

① 단호박, 토마토, 당근, 브로콜리, 양배추, 연근을 적당한 크기로 잘라서 냄비에 넣고 물을 부은 뒤 재료가 푹 익을 때까지 끓인다.

② **1**을 식힌 뒤 믹서에 넣고 곱게 간다.

③ 해바라기씨, 아몬드를 올린다. 기호에 따라 단호박을 조금 올려도 좋다.

첫째 달 5일

〈메뉴와 영양 성분〉

	메뉴	총칼로리	탄수화물	단백질	지방
식사1	밤찜과 두부구이, 채소스틱	284	143	54	115
식사2	새우비타민샐러드와 현미누룽지	403	175	70	173
간식	바나나, 해바라기씨, 들기름	140	50		90
	합계	**827**	**368**	**124**	**378**
기준	1일 섭취량	800	376	72	352

간식

바나나 50g(중 1/2개), 해바라기씨 8g, 들기름 10ml

◆ 간식은 하루 중 원하는 시간에 먹는다. 들기름은 그대로 마신다.

식사1

밤찜과 두부구이 채소스틱

재료

밤찜 밤 80g
두부구이 두부 60g, 현미유 3ml, 전분 2g, 소금 약간
채소스틱 당근 30g, 파프리카(노랑, 빨강) 60g, 오이 50g, 셀러리 30g
된장소스 된장 8g, 표고버섯 10g, 파프리카(빨강) 20g, 브로콜리 10g, 해바라기씨 간 것 3g, 참깨 3g, 깻잎 1g, 조청 2g, 참기름 2ml, 현미유 약간

만드는 법

· 밤찜

① 밤은 깨끗이 씻어서 물에 10분 정도 담가둔다.

② 냄비에 밤을 넣고 밤이 잠길 만큼 물을 붓고 40분 정도 삶은 뒤 건진다.

· 두부구이

① 두부는 1cm 두께로 자른 뒤 물기를 제거하고 소금을 살짝 뿌린다.

② 두부에 전분가루를 앞뒤로 묻힌다.

③ 달군 팬에 현미유를 두르고 두부를 앞뒤로 노릇하게 지진다. 기호에 따라 검은깨로 장식한다.

· 채소스틱

① 당근, 파프리카, 오이, 셀러리는 8~10cm 크기로 길게 자른다.

② 표고버섯, 파프리카, 브로콜리, 깻잎을 곱게 다진다.

③ 달군 팬에 현미유를 두르고 **2**를 넣어 볶는다.

④ 해바라기씨, 참깨, 된장, 조청, 참기름을 넣어 된장소스를 만든다.

⑤ 채소스틱을 된장소스에 찍어 먹는다.

◆ 된장소스는 2주정도 냉장 보관이 가능하니 넉넉히 만들어 쌈밥 등의 메뉴에 활용한다.

식사2

새우비타민샐러드와 현미누룽지

재료

새우비타민샐러드 새우 40g, 비타민 50g, 양파 40g, 셀러리 잎 30g, 귤 20g, 땅콩 5g, 현미유 3ml, 소금 약간, 후추 약간

드레싱 땅콩 다진 것 10g, 간장 10ml, 설탕 10g, 감식초 10ml, 올리브유 10ml

현미누룽지 현미콩밥 80g, 물 400ml

만드는 법

· 새우비타민샐러드

① 새우는 껍질을 벗기고 내장을 빼서 씻은 뒤 소금, 후추를 넣고 5분 정도 밑간한다.

② 달군 팬에 현미유를 두르고 새우를 넣어 색이 변할 때까지 앞뒤로 살짝 익힌다.

③ 비타민, 셀러리 잎은 씻은 뒤 물기를 제거하고 양파는 채 썰고 귤은 껍질을 벗기고 한 쪽씩 뗀다.

④ 땅콩은 달군 팬에 넣고 2~3분 정도 볶는다.

⑤ **4**와 분량의 재료를 섞어서 드레싱을 만든다.

⑥ 접시에 비타민, 셀러리 잎, 양파, 귤을 담고 드레싱을 뿌린 뒤 새우를 올린다.

· 현미누룽지

① 넓은 팬에 현미콩밥을 올리고 주걱에 물을 묻히며 얇게 편다.

② 약한 불에서 뒤집어가며 노릇하게 굽는다.

③ 냄비에 누룽지를 넣고 물을 붓고 10분 정도 끓인다.

둘째 ——— 달

둘째 달 1일

〈메뉴와 영양 성분〉

	메뉴	총칼로리	탄수화물	단백질	지방
식사1	연어새싹비빔밥	494	186	87	253
식사2	블루베리고구마스무디	284	157	41	122
간식	귤, 호두, 들기름	275	50		225
	합계	**1,053**	**393**	**129**	**600**
기준	1일 섭취량	1,100	374	110	616

간식

귤 120g(중 1개), 호두 8g, 들기름 10ml

◆ 간식은 하루 중 원하는 시간에 먹는다. 들기름은 그대로 마신다.

식사1

연어새싹비빔밥

재료

현미밥 120g, 파프리카(노랑, 빨강) 100g, 오이 50g, 당근 50g, 연어 50g, 새싹채소 30g, 어린잎채소 20g, 잣 20g, 양파 10g, 무순 5g, 현미유 3ml
양념장 달래 10g, 간장 10ml, 들기름 10ml, 참깨 3g

만드는 법

① 파프리카, 오이, 당근, 양파는 채 썬다.

② 달군 팬에 현미유를 두르고 당근, 파프리카를 살짝 볶는다.

③ 연어는 먹기 좋게 한입 크기로 자른다.

④ 달래를 잘게 자르고 분량의 재료를 섞어 양념장을 만든다.

⑤ 현미밥을 그릇에 담고 새싹채소, 어린잎채소, 파프리카, 오이, 양파, 당근, 연어, 잣, 무순을 올린다.

⑥ 양념장을 곁들여 비벼 먹는다.

◆ 계절에 따라 달래 대신 부추, 쪽파 등을 사용해도 된다.

식사2

블루베리 고구마스무디

재료

블루베리 80g, 고구마 30g, 당근 50g, 브로콜리 50g, 양배추 40g, 연근 30g, 해바라기씨 15g, 아몬드 10g, 물 150ml

만드는 법

① 고구마, 당근, 브로콜리, 양배추, 연근은 적당한 크기로 자른다.

② 냄비에 **1**을 넣고 물을 부은 뒤 10분 정도 끓인다.

③ 한 김 식힌 뒤 블루베리와 함께 믹서에 넣고 곱게 간다.

④ 해바라기씨, 아몬드를 올린다. 기호에 따라 블루베리를 올려 먹어도 좋다.

둘째 달 ——— 2일

〈메뉴와 영양 성분〉

	메뉴	총칼로리	탄수화물	단백질	지방
식사1	두부카레덮밥	305	197	51	82
식사2	새우채소죽	279	134	56	105
간식	사과, 잣, 들기름	185	50		135
	합계	**769**	**381**	**107**	**322**
기준	1일 섭취량	800	376	72	352

간식

사과 80g(중 1/3개), 잣 8g, 들기름 10ml

◆ 간식은 하루 중 원하는 시간에 먹는다. 들기름은 그대로 마신다.

식사1

두부카레덮밥

재료

현미밥 120g, 두부 40g, 브로콜리 40g, 양송이버섯 40g, 양파 30g, 애호박 30g, 당근 30g, 감자 30g, 현미유 5ml, 카레가루 5g, 물 100ml

만드는 법

① 두부는 2cm 크기로 깍둑썰기 한 뒤 물기를 뺀다.

② 달군 팬에 현미유를 두르고 두부를 넣어 앞뒤로 뒤집어가며 굽는다.

③ 양송이버섯, 양파, 애호박, 당근, 감자는 채 썬다. 브로콜리는 한입 크기로 자른다.

④ 냄비에 **3**과 물을 넣고 끓이다가 카레가루를 푼다.

⑤ 채소가 익으면 두부를 넣는다.

⑥ 접시에 현미밥을 담고 **5**를 올린다.

식사2

새우채소죽

재료

현미밥 120g, 브로콜리 50g, 애호박 40g, 양송이버섯 40g, 양파 40g, 새우 30g, 마늘 10g, 잣 8g, 들기름 5ml, 소금 1g, 물 300ml

만드는 법

① 브로콜리, 애호박, 양파, 새우, 마늘은 잘게 다지고 양송이버섯은 슬라이스한다.

② 달군 냄비에 들기름을 두르고 **1**의 채소를 넣고 볶다가 새우를 넣어 조금 더 볶는다.

③ 현미밥과 물을 넣고 저어가며 푹 끓인다.

④ 쌀이 퍼지면 소금으로 간을 맞춘다.

⑤ 잣을 올린다.

둘째 달 — 3일

〈메뉴와 영양 성분〉

	메뉴	총칼로리	탄수화물	단백질	지방
식사1	감자찜과 명태살구이, 채소찜	314	174	68	97
식사2	아보카도샐러드와 현미누룽지	359	167	33	182
간식	참외, 아몬드, 들기름	140	50		90
	합계	**813**	**391**	**101**	**369**
기준	1일 섭취량	800	376	72	352

간식

참외 150g(중 1/2개), 아몬드 8g, 들기름 10ml

◆ 간식은 하루 중 원하는 시간에 먹는다. 들기름은 그대로 마신다.

식사1

감자찜과 명태살구이 채소찜

재료

감자찜 감자 100g
명태살구이 명태살 50g, 전분가루 5g, 현미유 3ml, 소금 1g, 후추 1g
채소찜 양배추 50g, 단호박 40g, 비트 40g, 콜리플라워 30g, 연근 30g, 양송이버섯 25g
양파소스 양파 20g, 올리브유 5ml, 소금 2g, 감식초 2ml

만드는 법

· 감자찜

① 감자를 깨끗히 씻는다.

② 김이 오른 찜기에 감자를 넣고 20분 정도 찐다.

· 명태살구이

① 명태살은 흐르는 물에 씻은 뒤 종이타월로 물기를 제거하고 소금과 후추로 밑간한다.

② 명태살에 전분가루를 입힌다.

③ 팬에 현미유를 두르고 명태살을 넣어 앞뒤로 뒤집어가며 지진다.

· 채소찜

① 양배추, 단호박, 비트, 콜리플라워, 연근은 먹기 좋게 한입 크기로 자른다.

② 김이 오른 찜기에 **1**의 채소와 양송이버섯을 넣고 10분 정도 찐다.

③ 양파는 다진다.

④ 달군 팬에 올리브유를 두르고 양파를 넣고 볶다가 소금, 감식초를 넣어 양파소스를 만든다.

⑤ 채소찜을 양파소스에 찍어 먹는다.

식사2

아보카도샐러드와 현미누룽지

재료

아보카도샐러드 아보카도 15g, 양상추 70g, 어린잎채소 20g, 당근 70g, 양파 70g, 비트 40g, 블루베리 30g, 호두 8g
드레싱 발사믹식초 10ml, 올리브유 10ml
현미누룽지 현미콩밥 80g, 물 400ml

만드는 법

· 아보카도샐러드

① 당근, 양파, 비트는 채 썰고 아보카도는 얇게 슬라이스한다.

② 양상추는 적당한 크기로 찢는다.

③ 분량의 재료를 섞어 드레싱을 만든다.

④ 아보카도, 양상추, 어린잎채소, 당근, 양파, 비트를 접시에 담고 드레싱을 뿌린 뒤 블루베리와 호두를 올린다.

· 현미누룽지

만드는 법은 p.218 참고

둘째 달 4일

〈메뉴와 영양 성분〉

	메뉴	총칼로리	탄수화물	단백질	지방
식사1	해산물카레볶음밥	312	165	78	86
식사2	버섯구이샐러드와 두유	272	121	57	110
간식	방울토마토, 캐슈너트, 들기름	185	50		135
	합계	**769**	**336**	**135**	**331**
기준	1일 섭취량	800	376	72	352

간식

방울토마토 300g(30개 정도), 캐슈너트 8g, 들기름 10ml

◆ 간식은 하루 중 원하는 시간에 먹는다. 들기름은 그대로 마신다.

식사1

해산물 카레볶음밥

재료

현미밥 120g, 양배추 50g, 브로콜리 40g, 당근 30g, 양송이버섯 30g, 숙주 30g, 오징어 30g, 새우살 30g, 올리브유 7ml, 카레가루 5g

만드는 법

① 양배추, 브로콜리, 당근, 양송이버섯은 먹기 좋게 자른다.

② 숙주는 씻어서 물기를 빼고 올리브유에 살짝 볶는다.

③ 오징어와 새우살은 씻은 뒤 오징어는 5cm 정도의 길이로 채 썬다.

④ 달군 팬에 올리브유를 두르고 **1**을 넣어 볶다가 오징어와 새우살을 넣어 더 볶는다.

⑤ 현미밥과 카레가루를 넣어 조금 더 볶는다.

⑥ **5**를 그릇에 담고 **2**의 숙주를 올려서 먹는다.

식사2

버섯구이샐러드와 두유

재료

버섯구이샐러드 표고버섯 30g, 느타리버섯 30g, 양송이버섯 30g, 콜리플라워 40g, 고구마 50g, 양파 40g, 올리브유 3ml, 소금 1g, 후추 1g

드레싱 올리브유 5ml, 발사믹식초 3ml, 마늘 다진 것 2g, 설탕 1g, 소금 1g

두유 대두 삶은 것 50g, 물 150ml

만드는 법

· 버섯구이샐러드

① 버섯과 콜리플라워는 한입 크기로 썰고 고구마와 양파는 0.5cm 두께로 둥글게 썬다.

② 달군 팬에 올리브유를 두르고 **1**과 소금, 후추를 넣어 물기를 날리며 익힌다.

③ 달군 팬에 다시 올리브유를 두르고 고구마와 양파를 앞뒤로 굽는다.

④ 접시에 **2**, **3**을 담고 분량의 재료를 섞어 만든 드레싱을 곁들인다.

· 두유

① 대두와 물을 믹서에 넣고 곱게 간다.

둘째 달 5일

〈메뉴와 영양 성분〉

	메뉴	총칼로리	탄수화물	단백질	지방
식사1	두부꼬마김밥	267	155	42	96
식사2	단호박딸기스무디	290	167	47	122
간식	토마토, 호두, 들기름	185	50		135
	합계	**742**	**372**	**89**	**353**
기준	1일 섭취량	800	376	72	352

간식

토마토 200g(중 2개), 호두 8g, 들기름 10ml

◆ 간식은 하루 중 원하는 시간에 먹는다. 들기름은 그대로 마신다.

식사1

두부 꼬마김밥

재료

현미밥 120g, 두부 40g, 파프리카(빨강, 노랑) 40g, 단무지 30g, 우엉 20g(간장 3ml, 물 3ml), 당근 20g(들기름 1ml, 소금 약간), 시금치 20g(참기름 2ml, 참깨 2g, 소금 약간), 김(김밥용) 2장, 깻잎 5g, 현미유 3ml

겨자소스 물 2ml, 간장 2ml, 식초 2ml, 설탕 1g, 연겨자 1g, 허니머스터드소스 약간

만드는 법

① 김은 2등분한다.

② 두부, 단무지는 김의 길이에 맞춰 얇게 채 썬다.

③ 파프리카, 우엉, 당근도 같은 길이로 채 썬다.

④ 냄비에 우엉을 넣고 간장과 물을 넣고 5분 정도 조린다.

⑤ 시금치는 끓는 물에 살짝 데치고 참기름, 참깨, 소금을 넣고 버무린다.

⑥ 달군 팬에 들기름을 두르고 당근을 넣어 3분 정도 볶다가 소금으로 간을 맞춘다.

⑦ 다시 팬에 현미유를 두르고 두부를 넣어 앞뒤로 노릇하게 지진다.

⑧ 김에 깻잎을 올리고 현미밥의 1/4 정도를 올려 편 뒤 준비한 재료를 넣어 돌돌 만다. 같은 방법으로 3개를 더 만든다.

⑨ 분량의 재료를 섞어 겨자소스를 만든 뒤 두부꼬마김밥을 찍어 먹는다.

식사2

단호박딸기 스무디

재료

단호박 100g, 토마토 100g, 딸기 75g, 당근 50g, 브로콜리 50g, 양배추 40g, 해바라기씨 15g, 아몬드 10g, 물 200ml

만드는 법

① 단호박, 토마토, 당근, 브로콜리, 양배추는 작게 자른다.

② 냄비에 **1**과 물을 붓고 10분 정도 익힌다.

③ **2**를 한 김 식힌 뒤 딸기와 함께 믹서에 넣고 곱게 간다.

④ 해바라기씨, 아몬드를 올린다.

셋째 —— 달

셋째 달 — 1일

〈메뉴와 영양 성분〉

	메뉴	총칼로리	탄수화물	단백질	지방
식사1	단호박연두부샐러드	542	215	85	305
식사2	홍새우부추샐러드와 현미누룽지	300	133	61	119
간식	블루베리, 호두, 들기름	230	50		180
	합계	**1,072**	**398**	**146**	**604**
기준	**1일 섭취량**	1,100	374	72	616

간식

블루베리 100g, 호두 8g, 들기름 10ml

◆ 간식은 하루 중 원하는 시간에 먹는다. 들기름은 그대로 마신다.

식사1

단호박 연두부샐러드

재료

단호박 140g, 연두부 150g, 애호박 70g, 새송이버섯 70g, 파프리카(빨강, 노랑) 60g, 가지 40g, 아스파라거스 30g, 호두 16g, 아몬드 16g, 올리브유 3ml, 소금 약간, 후추 약간

드레싱 물 50ml, 간장 10ml, 들기름 10ml, 조청 10g, 현미식초 5ml

만드는 법

① 단호박은 껍질째 김이 오른 찜기에 넣고 10분 정도 찐 뒤 적당한 크기로 자른다.

② 애호박, 새송이버섯, 파프리카, 가지, 아스파라거스는 한입 크기로 자른다,

③ 달군 팬에 올리브유를 두르고 **2**를 넣고 볶은 뒤 소금, 후추로 간을 맞춘다.

④ 분량의 재료를 섞어 드레싱을 만든다.

⑤ 접시에 단호박과 **3**을 담고 호두와 아몬드를 올린 뒤 드레싱을 뿌린다.

⑥ 연두부를 곁들여 먹는다.

식사2

홍새우부추샐러드와 현미누룽지

재료

홍새우부추샐러드 홍새우(말린 것) 10g, 부추 50g, 양상추 40g, 양파 40g, 현미유 1ml, 해바라기씨 8g
드레싱 올리브유 5ml, 간장 2ml, 설탕 2g, 참깨 2g, 파 다진 것 2g, 맛술 1ml
현미누룽지 현미콩밥 90g, 물 400ml

만드는 법

· 홍새우부추샐러드

① 달군 팬에 현미유를 두르고 홍새우를 넣고 볶은 뒤 식힌다.

② 양상추와 양파는 채 썰고 부추는 5cm 크기로 자른다.

③ 분량의 재료를 섞어 드레싱을 만든다.

④ 접시에 **2**를 담고 홍새우, 해바라기씨를 올린 뒤 드레싱을 뿌린다.

· 현미누룽지

만드는 법은 p.218 참고

셋째 달 2일

〈메뉴와 영양 성분〉

	메뉴	총칼로리	탄수화물	단백질	지방
식사1	해산물버섯덮밥	303	163	66	78
식사2	가지호박샐러드와 도토리묵 두유	330	130	58	167
간식	키위, 잣, 들기름	140	50		90
	합계	**773**	**343**	**124**	**335**
기준	1일 섭취량	800	376	72	352

간식

키위 100g(중 1개), 잣 8g, 들기름 10ml

◆ 간식은 하루 중 원하는 시간에 먹는다. 들기름은 그대로 마신다.

식사1

해산물 버섯덮밥

재료

현미밥 120g, 오징어 30g, 새우 30g, 표고버섯 30g, 팽이버섯 40g, 당근 30g, 양파 25g, 대파 10g, 물 100ml, 녹말물(전분 5g, 물 5ml), 현미유 7ml, 소금 1g

만드는 법

① 표고버섯은 채 썰고 팽이버섯은 표고버섯 길이로 자른다.

② 당근, 양파는 가늘게 채 썰고 대파는 송송 썬다.

③ 오징어는 5cm 정도 길이로 채 썰고 새우는 씻어서 물기를 제거한다.

④ 달군 팬에 현미유를 두르고 당근, 양파, 대파, 표고버섯, 팽이버섯을 넣고 5분 정도 볶다가 소금으로 간을 맞춘다.

⑤ **4**의 재료가 익으면 오징어, 새우를 넣고 조금 더 볶다가 녹말물을 부어 섞는다.

⑥ 그릇에 현미밥을 담고 **5**를 올린다. 기호에 따라 실파를 올린다.

가지호박샐러드와 도토리묵, 두유

재료

가지호박샐러드 파프리카(빨강, 노랑) 60g, 가지 50g, 주키니 50g, 샬롯 40g, 양상추 20g, 소금 1g, 후추 1g, 올리브유 3ml, 해바라기씨 5g
도토리묵 도토리묵 100g

드레싱 올리브유 5ml, 발사믹식초 2ml, 레몬즙 2ml, 양파 다진 것 2g, 마늘 다진 것 2g
두유 검은콩 삶은 것 20g, 대두 삶은 것 30g, 잣 5g, 물 150ml

만드는 법

· 가지호박샐러드와 도토리묵

① 파프리카, 가지, 주키니, 샬롯은 먹기 좋게 한입 크기로 자른다.

② 팬에 올리브유를 두른 뒤 **1**을 넣고 5분 정도 볶다가 소금, 후추로 간을 맞춘다.

③ 양배추는 먹기 좋게 뜯고 도토리묵은 1cm, 너비 5cm 크기로 자른다.

④ 분량의 재료를 섞어 드레싱을 만든다.

⑤ 접시에 **2**와 양상추, 도토리묵을 담고 해바라기씨를 올린 뒤 드레싱을 뿌린다. 기호에 따라 쪽파를 올린다.

· 두유

① 검은콩과 대두, 물을 믹서에 넣고 곱게 간다.

② 잣을 올린다.

식사2
간식
식사1

〈메뉴와 영양 성분〉

	메뉴	총칼로리	탄수화물	단백질	지방
식사1	무말랭이영양채소콩밥	274	171	41	85
식사2	단호박오렌지스무디	285	163	46	121
간식	방울토마토, 아몬드, 들기름	185	50		135
	합계	**744**	**164**	**87**	**341**
기준	1일 섭취량	800	376	72	352

간식

방울토마토 300g(30개 정도), 아몬드 8g(14개), 들기름 10ml

◆ 간식은 하루 중 원하는 시간에 먹는다. 들기름은 그대로 마신다.

식사1

무말랭이 영양채소콩밥

재료

현미 24g, 찰현미 24g, 검은콩 10g, 당근 30g, 우엉 30g, 연근 30g, 느타리버섯 30g, 무말랭이 10g

양념장 마늘 다진 것 10g, 파 다진 것 10g, 간장 5ml, 홍고추 다진 것 5g, 청고추 다진 것 5g, 참기름 5ml, 깨 3g

만드는 법

① 현미, 찰현미는 씻고 검은콩은 전날 미리 불려둔다.

② 당근, 우엉, 연근은 먹기 좋게 채 썰고 느타리버섯은 길게 찢는다.

③ 압력솥에 **1**, **2**와 무말랭이를 넣고 평소보다 물을 덜 넣고 고슬고슬하게 밥을 짓는다.

④ 분량의 재료를 잘 섞어서 양념장을 만든다.

⑤ 밥을 그릇에 담고 양념장을 곁들인다.

식사2

단호박오렌지 스무디

재료

단호박 100g, 토마토 100g, 오렌지 50g, 당근 50g, 브로콜리 50g, 양배추 40g, 해바라기씨 15g, 아몬드 10g, 물 200ml

만드는 법

① 단호박, 토마토, 당근, 브로콜리, 양배추를 한입 크기로 자른다.

② 냄비에 **1**을 넣고 물을 붓고 10분 정도 끓인다.

③ **2**를 한 김 식힌 뒤 껍질을 벗긴 오렌지와 함께 믹서에 넣어 곱게 간다.

④ 해바라기씨, 아몬드를 올린다.

간식
식사2
식사1

〈메뉴와 영양 성분〉

	메뉴	총칼로리	탄수화물	단백질	지방
식사1	옥수수찜과 낫토, 채소구이	293	157	46	113
식사2	황태채소죽	324	168	71	109
간식	딸기, 캐슈너트, 들기름	185	50		135
	합계	**802**	**375**	**117**	**357**
기준	1일 섭취량	800	376	72	352

간식

딸기 150g(중 7개 정도), 캐슈너트 8g, 들기름 10ml

◆ 간식은 하루 중 원하는 시간에 먹는다. 들기름은 그대로 마신다.

식사1

옥수수찜과 낫토, 채소구이

재료

옥수수찜 옥수수 90g
낫토 낫토 20g
채소구이 애호박 70g, 새송이버섯 70g, 파프리카(빨강, 노랑) 60g, 가지 40g, 호두 8g
양념장 물 25ml, 간장 5ml, 들기름 5ml, 조청 5g, 현미식초 3ml

만드는 법

· 옥수수찜

① 옥수수는 속껍질을 두 겹만 남기고 겉껍질을 벗긴다.

② 흐르는 물에 씻고 옥수수수염도 함께 세척한다.

③ 냄비에 옥수수를 넣고 옥수수가 잠길 정도로 물을 넣는다.

④ 센불에서 30분 정도 삶는다.

◆ 압력솥을 이용하면 시간을 단축할 수 있다.

· 채소구이

① 애호박, 새송이버섯, 파프리카, 가지는 손가락 길이로 자른다.

② 팬을 달군 뒤 **1**을 넣고 양면을 노릇하게 굽는다.

◆ 기름 없이 채소에서 생긴 물로만 굽는다.

③ 분량의 재료를 섞어 양념장을 만든다.

④ 그릇에 구운 채소를 담고 양념장과 호두를 뿌린다.

⑤ 낫토와 곁들여서 먹는다.

식사2

황태채소죽

재료

현미밥 100g, 브로콜리 70g, 양파 40g, 표고버섯 20g, 황태 10g, 무말랭이 10g, 쪽파 10g, 잣 8g, 들기름 5ml, 소금 1g, 물 500ml

만드는 법

① 황태는 물에 가볍게 헹구고 잘게 찢는다.

② 무말랭이는 10분 정도 불린 뒤 다진다.

③ 브로콜리, 양파, 표고버섯은 잘게 다진다.

④ **1**을 냄비에 담고 물을 부은 뒤 10분 정도 푹 끓여서 뽀얀 국물을 만든다.

⑤ 현미밥과 무말랭이, **3**을 넣고 푹 끓인 뒤 들기름, 소금으로 간을 맞춘다.

⑥ 쪽파를 송송 썰어 잣과 함께 올린다.

셋째 달 — 5일

〈메뉴와 영양 성분〉

	메뉴	총칼로리	탄수화물	단백질	지방
식사1	채소쌈밥과 문어숙회	310	175	56	96
식사2	키위고구마스무디	286	158	41	122
간식	사과, 해바라기씨, 들기름	185	50		135
	합계	**781**	**383**	**97**	**353**
기준	1일 섭취량	800	376	72	352

간식

사과 80g(중 1/3개), 해바라기씨 8g, 들기름 10ml

◆ 간식은 하루 중 원하는 시간에 먹는다. 들기름은 그대로 마신다.

식사1

채소쌈밥과 문어숙회

재료

채소쌈밥 현미밥 120g, 양파 40g, 당근 30g, 우엉 20g, 쌈채소(상추, 적근대, 겨자채, 치커리, 깻잎, 쌈케일 등) 40g, 들기름 3ml, 깨소금 2g
문어숙회 문어 50g
쌈장 된장 5g, 들기름 5ml, 매실청 5ml, 쪽파 약간, 통깨 약간

만드는 법

① 양파, 당근, 우엉은 잘게 다진다.

② 팬을 달군 뒤 들기름을 두르고 **1**을 넣고 1~2분 정도 살짝 볶는다.

③ 현미밥과 **2**를 섞은 뒤 깨소금을 넣어 버무린다.

④ 쌈채소는 흐르는 물에 깨끗이 씻고 물기를 제거한다.

⑤ 분량의 재료를 잘 섞어 쌈장을 만든다.

⑥ 문어는 끓는 물에 넣고 4분 정도 삶은 뒤 먹기 좋게 자른다.

⑦ **3**을 그릇에 담고 쌈장, 쌈채소와 문어숙회를 곁들인다.

식사2

키위고구마 스무디

재료

키위 80g, 고구마 30g, 당근 50g, 브로콜리 50g, 양배추 40g, 연근 30g, 해바라기씨 15g, 아몬드 10g, 물 200ml

만드는 법

① 고구마, 당근, 브로콜리, 양배추, 연근은 적당한 크기로 자른다.

② 냄비에 **1**을 넣고 물을 부어 10분 정도 끓인다.

③ 키위는 껍질을 벗기고 4등분한다.

④ **2**를 한 김 식힌 뒤 키위와 함께 믹서에 넣고 곱게 간다.

⑤ 해바라기씨와 아몬드를 올린다.

1. 말린 채소 먹기

말린 채소를 이용하면 FMD 식단에 많은 도움이 된다. 채소는 대부분 수분으로 이루어져 있다. 따라서 건조하는 과정에서 단백질, 지방, 무기질 등 많은 영양분이 농축된다. 채소를 말리면 식이섬유가 풍부해져 변비에 도움이 되고 햇볕에 말리는 건조 과정에서 생성되는 비타민D는 칼슘의 흡수를 돕기 때문에 뼈 건강에 중요하며 면역 방어력을 유지하는데도 중요한 물질이다. 비타민D는 혈당 균형을 유지하는 역할을 하며 혈압조절기전과도 연관되어 있다. 표고를 말리면 비타민D가 8.5배나 증가되며 무를 말려서 무말랭이로 섭취하면 단위 무게당 칼슘량이 열두 배나 늘어난다.

또한 말린 채소는 실온 보관이 가능할 뿐만 아니라 장기간 보관도 가능해 많은 양을 구매해도 다양한 요리에 알뜰하게 활용할 수 있다. 한식의 기본이라 할 수 있는 밥과 국에 말린 채소를 활용하면 건조 과정에서 생긴 특유의 향과 질감이 요리에 맛을 더한다. FMD 식단은 다양한 채소를 사용하는 것이 기본이다. 하지만 수많은 채소를 골라서 손질하기도 쉽지 않고 보관하고 먹을 수 있는 기간이 짧다. 하지만 말린 채소는 저장 기간이 길고 뜨거운 물에 불리면 2, 3분 내로 사용할 수 있으니 무척 효율적이다.

말린 채소의 장점

· 불려서 사용하면 조리 시간이 단축된다.

· 계절에 구애받지 않고 항상 준비할 수 있다.
· 같은 분량이라도 더 많은 영양분이 농축되어 있다.
· 한 번에 여러 가지 채소를 사용할 수 있다.
· 삶거나 튀기거나 생으로 먹는 모든 요리와 잘 어울린다.
· 저장 기간이 길고 보관이 편리해서 FMD 식단에 유용하다.

FMD에 사용한 말린 채소 종류와 특징

· **취나물** - 취나물은 무기질, 비타민, 섬유소, 필수아미노산 등을 두루 함유하고 있으며, 적지만 양질의 단백질까지 들어 있다. 베타카로틴, 비타민C 함량도 높아 항산화 및 항암 효과가 있다.
· **고사리** - 고사리는 칼슘과 칼륨 같은 무기질 성분과 섬유질이 많이 들어 있다. 고사리에는 비타민 B1을 파괴하는 효소인 아노이리나아제Aneurinase라는 효소가 들어 있어 너무 많이 먹거나 매일 먹으면 좋지 않다. 국산 고사리는 물에 담그면 빨리 불고 독특한 향기가 있다.
· **표고버섯** - 버섯은 오래전부터 면역, 항균, 해독, 이뇨 등 다양한 약리 작용이 알려져 한방 및 민간에서 약용으로 사용했다. 버섯의 렌티난Lentinan은 면역계를 증진시키고 에리타데닌Eritadenine은 콜레스테롤 수치를 낮춘다. 비타민C, 셀레늄도 풍부해 항산화 효과가 있다. 햇볕에 말린 표고버섯이 생표고버섯보다 영양과 맛, 향이 더 좋다.
· **당근** - 식품 중에서 베타카로틴β-carotene의 함량이 가장 높다. 암을 예방하는데도 탁월한 식품이다. 베타카로틴은 껍질 부분에 많이 들어 있기 때문에 껍질을 두껍게 깎아내고 섭취하는 것보다 깨끗하게

씻어 그대로 먹거나 가볍게 긁어내고 먹는 것이 좋다.

· **고춧잎** – 고춧잎에는 비타민A, 비타민C, 베타카로틴, 칼슘, 칼륨 등 풍부한 영양분이 함유되어 있어서 항산화, 항암, 항노화에 도움이 된다.

· **도라지** – 기침, 가래, 발열 등 겨울철 질병에 많은 효능을 지니고 있어서 주로 말려서 차로 마신다. 도라지의 효능은 주성분인 사포닌Saponin에서 나온다. 사포닌은 홍삼, 칡, 더덕 등에 함유되어 있는 성분으로 진정, 해열, 진통, 혈당 강하, 콜레스테롤 대사 개선, 항암 작용 및 위산 분비 억제 효과 등이 있다.

· **무말랭이, 무청시래기** – 무는 예로부터 천연소화제로 이용될 정도로 각종 소화효소가 많이 들어 있다. 또한 식이섬유가 풍부하여 변비 예방, 당 흡수 지연에 도움이 된다. 무의 잎에 가까운 푸른 부분은 섬유질이 많고 단단하여 무말랭이를 만들면 영양가가 더 높다. 무청은 카로틴과 비타민C, 칼슘 등이 풍부해 말려서 먹으면 더 좋다.

· **토란대, 토란잎** – 토란대는 베타카로틴, 피로회복에 도움이 되는 칼륨, 칼슘이 풍부하며, 토란대의 펙틴 성분은 장 건강에 도움이 된다. 토란잎은 여름, 가을의 부드러운 잎만 말려서 이용한다. 토란대를 구입할 때는 단단하지 않으며 표면이 깨끗한 것을 고르고 손질할 때는 독성이 있으므로 고무장갑 등을 착용한다. 말린 토란대는 삶은 뒤 물에 충분히 담가 아린 맛을 제거한다. 토란대는 들깨가루, 들기름과 함께 조리하면 불포화지방산을 보충할 뿐 아니라 맛도 좋아진다.

말린 채소를 이용한 식사1 메뉴

	칼로리(kcal)	탄수화물(kcal)	단백질(kcal)	지방(kcal)
채소새우볶음밥 (1일)	659	299	78	282

채소새우볶음밥

재료

현미밥 180g, 새우 40g, 당근 말린 것 10g, 우엉 말린 것 10g, 고춧잎 말린 것 5g, 고사리 말린 것 5g, 표고버섯 말린 것 10g, 무말랭이 5g, 현미유 10ml, 멸치액젓 3ml, 들기름 17ml, 깨소금 3g

만드는 법

① 당근, 우엉, 고춧잎, 고사리, 표고버섯, 무말랭이는 뜨거운 물을 붓고 3분 정도 불린다.

② **1**을 살짝 헹군 뒤 먹기 좋게 채 썬다.

③ 새우는 머리를 떼고 내장을 제거한 뒤 깨끗하게 씻는다.

④ 달군 팬에 현미유를 두르고 **2**를 넣어 **3**분 정도 볶다가 멸치액젓으로 간을 맞춘다.

⑤ 새우를 넣고 잠시 더 볶다가 현미밥을 넣고 섞은 뒤 들기름과 깨소금으로 간을 맞춘다.

	칼로리(kcal)	탄수화물(kcal)	단백질(kcal)	지방(kcal)
채소나물밥 (2일)	405	198	44	163

채소나물밥

재료

현미 25g, 찰현미 25g, 취나물 말린 것 5g, 토란잎 말린 것 3g, 토란대 말린 것 5g, 곤드레 말린 것 5g, 표고버섯 말린 것 5g, 다시마 1g, 검정콩 5g, 들기름 8ml, 국간장 2ml, 물 적당량
비빔장 다시마국물 5ml, 참기름 5ml, 쪽파 다진 것 3g, 간장 3ml, 통깨 3g

만드는 법

① 현미, 찰현미를 씻어서 불려둔다.

② 냄비에 **1**과 취나물, 토란잎, 토란대, 곤드레, 표고버섯, 검정콩을 넣고 다시마를 올리고 물을 부은 뒤 들기름과 국간장을 넣고 밥을 한다.

◆ 말린 채소는 불릴 필요 없이 밥물만 조금 더 잡으면 된다.

③ 분량의 재료를 잘 섞어 비빔장을 만든다.

④ **2**의 채소나물밥을 그릇에 담고 비빔장을 곁들인다.

	칼로리(kcal)	탄수화물(kcal)	단백질(kcal)	지방(kcal)
채소바지락비빔밥(3일)	380	182	48	150

채소바지락비빔밥

재료

현미밥 130g, 도라지 10g, 무청시래기 말린 것 5g, 고춧잎 말린 것 5g, 당근 말린 것 10g, 새싹채소 30g, 어린잎채소 20g

된장양념장 멸치다시마국물 10ml(국물용 멸치 10마리, 다시마 1g, 물 500ml), 양파 10g, 감자 10g, 바지락살 20g, 청양고추 다진 것 5g, 된장 5g, 참기름 7ml, 통깨 3g, 현미유 6ml

만드는 법

① 무청시래기, 고춧잎, 당근은 끓는 물에 넣고 3분 정도 데친 뒤 건진다.

② 냄비에 국물용 멸치, 다시마, 물을 넣고 10분 정도 끓인 뒤 체에 걸러 멸치다시마국물을 만든다.

③ 양파, 감자는 다진다.

④ 달군 냄비에 현미유를 두르고 양파, 감자를 넣고 2~3분 정도 볶는다.

⑤ **2**의 국물을 붓고 바지락살, 청양고추, 된장을 넣고 끓인 뒤 불을 끄고 참기름, 통깨를 넣어 된장양념장을 만든다.

⑥ 그릇에 현미밥을 담고 **1**과 새싹채소, 어린잎채소를 올린 뒤 된장양념장을 넣고 비벼 먹는다.

	칼로리(kcal)	탄수화물(kcal)	단백질(kcal)	지방(kcal)
채소유부초밥(4일)	399	186	52	161

채소유부초밥

재료

현미밥 130g, 당근 말린 것 10g, 우엉 말린 것 10g, 고사리 말린 것 5g, 무청시래기 말린 것 3g, 고춧잎 말린 것 3g, 초밥용 유부 40g(5개), 대파 2g, 소금 1g, 감식초 1ml, 통깨 2g, 현미유 8ml, 검정깨 2g

겨자소스 물 10g, 간장 10ml, 감식초 5ml, 설탕 1g, 연겨자 1g, 허니머스터드소스 1g

만드는 법

① 당근, 우엉, 고사리, 무청시래기, 고춧잎은 뜨거운 물에 2~3분 정도 불린 뒤 물기를 짠다.

② **1**을 먹기 좋은 크기로 자르고 대파를 다진다.

③ 달군 팬에 현미유를 두르고 대파를 넣어 1분 정도 볶아서 파기름을 낸다. 이때 소금을 살짝 뿌린다.

④ **3**에 **2**를 넣고 볶다가 현미밥을 넣고 조금 더 볶는다.

⑤ 감식초와 통깨를 뿌려 골고루 섞는다.

⑥ 유부에 **5**의 밥을 1/5씩 채워 넣는다.

⑦ 분량의 재료를 섞어 겨자소스를 만든 뒤 찍어 먹는다.

	칼로리(kcal)	탄수화물(kcal)	단백질(kcal)	지방(kcal)
채소두부카레(5일)	417	197	46	174

채소두부카레

재료

현미밥 120g, 당근 말린 것 10g, 우엉 말린 것 10g, 무말랭이 5g, 토란대 말린 것 3g, 고사리 말린 것 3g, 양파 30g, 감자 25g, 두부 40g, 카레가루 5g, 소금 2g, 현미유 12ml

만드는 법

① 양파와 감자는 채 썬다.

② 달군 팬에 현미유를 두르고 양파를 넣어 투명해질 때까지 볶는다.

③ 물을 붓고 당근, 우엉, 무말랭이, 토란대, 고사리, 감자를 넣어서 10분 정도 끓인 뒤 카레가루를 푼다.

④ 두부는 2cm 크기로 깍둑썰기 하고 소금을 뿌려둔 뒤 종이타월로 물기를 제거한다.

⑤ 달군 팬에 현미유를 두르고 두부를 넣어 노릇하게 부친다.

⑥ 그릇에 현미밥을 담고 **3**의 카레를 부은 뒤 두부를 올린다.

2. 마실 것

어떤 음료를 마셔야 할까?

우리 몸은 반 이상이 액체로 이루어져 있다. 이 액체는 세포와 조직, 그리고 신체 기관을 적시고 충격을 완화시키는 윤활제 역할을 할 뿐 아니라 몸 전체에 영양소, 노폐물, 호르몬 등을 운반하는 역할을 한다. 체내 여러 대사 작용의 수행과 독성물질이나 노폐물을 제거하기 위해서도 충분한 수분이 필요하다. 일반적으로 하루에 2L의 수분이 권장된다. 특히 우리나라 전통차와 허브차는 다양한 기능이 있고 건강에도 좋아서 자주 마셔도 좋지만 평상시나 FMD 기간에는 물을 마시는 것이 제일 좋다. 물 대신 차를 너무 많이 마시는 것은 추천하지 않으며, 임산부와 수유 중인 사람, 질병에 걸린 사람은 섭취에 더욱 주의해야 한다.

- **우엉차** - 우엉은 알칼리성 식품으로 신장 기능을 향상시켜서 이뇨 작용에 도움을 주는 이눌린Inulin과 혈전 분해와 항암 효과가 있는 팔미트산Palmitic Acid이 들어 있고 섬유질이 많아 변비에 효과가 좋다.
- **보리차** - 보리 낱알에 들어 있는 베타글루칸β-glucan은 콜레스테롤 수치를 낮춘다. 비타민B_3, B_1, 셀레늄, 망간도 풍부하다.
- **결명자차** - 〈동의보감〉에서는 결명자를 눈과 간에 좋은 약재라고 설명한다. 눈은 물론 간과 두통 등에도 좋은 약재로, 수시로 마신다.
- **둥글레차** - 백합과 식물인 둥글레의 뿌리를 말려서 볶은 차로 혈액 순환에 도움이 된다. 항바이러스 효과가 있어 면역력에도 좋다.

· **옥수수수염차** - 옥수수에 함유된 비타민B가 서로 협력하여 항산화제 효과가 있다. 비타민C도 풍부하다. 이뇨 작용을 해서 몸이 붓는 수종과 요로결석에 도움이 된다. 임상적으로는 혈압과 혈당 강하에도 좋다고 보고됐다. 현대인의 성인병에 좋은 차다.

· **현미차** - 호르몬 균형 유지부터 항산화제 기능까지 다양한 효과가 있는 환상적인 식품이다. 현미의 씨눈에 들어 있는 피틴산은 유해물질, 환경호르몬 등이 쉽게 배출되도록 도와준다.

· **라벤더차** - 심신 안정 효과가 있어 불면증과 우울증에 좋다.

· **캐모마일차** - 긴장을 풀어줘서 불면증에 좋으며 항염 작용이 있다.

· **펜넬차** - 펜넬의 페놀 화합물은 항산화, 위궤양 억제, 간 보호에 도움을 준다.

· **로즈메리차** - 철분, 칼슘이 풍부하다. 고려대 원예과 박권우 교수는 "배추 속에는 비타민C가 40mg 들어 있지만 로즈메리 등 허브에는 100mg 이상 들어 있다. 이는 허브가 채소보다 항산화 능력이 높다는 의미다"라고 말했다.

· **감식초** - 식초는 몸속에서 분해되어 알칼리성으로 변하는 식품이다. 그러므로 우리 몸이 산성화되는 것을 막아주는 무기가 된다. 식초의 주성분인 초산은 피로회복, 노폐물 배출, 살균 작용, 변비 예방의 효과가 있다. 감을 발효시켜 만든 천연 식초는 2~3개월의 숙성 기간 동안 구연산, 필수아미노산, 미네랄 등 풍부한 영양분이 생성된다. 식초는 식사 중이나 식사 후에, 4~5배의 물에 희석해서 마신다.

· **코코아가루** - 항산화성분인 폴리페놀Polyphenol이 들어 있어 노화 방지, 항암 작용, 성인병 예방에 좋다. 특히 카카오폴리페놀은 면역 조절 기능이 있어 감기나 알레르기를 예방하고 신경을 안정시키고 집중력 향상, 혈압 강하에 도움을 준다.

· **레몬물** - 레몬에는 구연산이 들어 있어서 무기질 흡수에 도움이 된다. 음식, 특히 채소와 레몬물을 함께 마시면 영양소의 조성이 좋아진다.

코코아의 효능과 마시는 방법

카카오열매를 빻아 만든 가루를 코코아라고 부른다. 카카오Cacao는 아메리카의 열대 지역이 원산지인 나무로 카카오열매를 건조한 뒤 잘게 쪼개 카카오닙스나 카카오매스로 판매하기도 한다. 초콜릿의 주원료이며 카카오를 맛있게 섭취하기 위해 코코아가루에 우유와 여러 가지 성분을 넣어서 만든 것이 초콜릿이다.

설탕을 가미하지 않은 순수 코코아가루 100g은 228kcal며 단백질이 19.6g, 지방이 13.7g, 식이섬유가 33g, 칼륨이 무려 1,524mg이 들어 있다. 암, 심장병, 뇌졸중의 예방과 치료에 도움이 되는 식이섬유는 김, 미역과 같은 해조류에 100g당 25~75g으로 가장 많고, 코코아가루에 33g이 들어 있다(보리 15.6g, 메주콩 9.4g, 견과류 8~10g, 현미 3g).

한국영양학회가 제시한 영양섭취기준에 따르면, 성인 남성은 하루 25g, 성인 여성은 20g의 식이섬유를 섭취할 것을 권장한다. 아이들은

15~20g을 섭취하는 것이 좋다. 하루에 코코아가루 20g만 먹어도 식이섬유 하루 권장량의 $^{1}/_{4}$은 쉽게 섭취할 수 있다. 또한 혈압을 조절하고 뼈를 튼튼하게 해주는 칼륨이 100g당 1,524mg으로, 현미의 6배, 보리의 7배가 들어 있다. 그리고 혈압, 혈당 조절에 필수적인 마그네슘도 메주콩의 1.5배 이상, 보리의 7배 이상, 현미의 4배 이상 함유되어 있다. 그 외에도 칼슘 같은 미세영양소들도 듬뿍 들어 있다.

코코아는 변비, 고혈압에 도움을 주며, 동맥경화를 일으키는 심장질환이나 노인성 치매, 뇌졸중을 예방한다. 코코아의 하루 권장 섭취량은 100% 순수 코코아를 기준으로 하루에 20g 정도다. 20g은 밥숟가락으로 2숟갈 정도 되는 양이다. 초콜릿은 칼로리가 높기 때문에 100% 순수 코코아가루를 추천한다. 설탕이나 우유를 첨가하면 항산화 효과나 혈관 확장 능력이 감소한다는 연구 결과도 있으므로 될 수 있으면 그냥 물에 타서 먹는 것이 좋다. 코코아가루 20g에는 카페인이 46mg이 있는데 이는 인스턴트커피 한 잔에 해당하는 양이므로 카페인은 큰 영향을 미치지 않는다.

코코아음료

코코아가루 20g, 물 600ml

① 따뜻한 물에 코코아가루를 넣고 잘 섞는다.

② 농도가 진하면 물을 더 추가한다. 물 대신 수시로 마시면 된다.

식초의 효능과 마시는 방법

영어에서 식초를 뜻하는 '비네거Vinegar'는 '상한 와인'이란 뜻을 가진 프랑스어에서 기원했다. 식초는 곡류나 과일 등 발효가 가능한 탄수화물에서 생산되는데, 대량으로 생산되는 급속 발효 방식과 서서히 발효시키는 방법이 있다. 식초는 초산이 주성분이며 원재료에 따라서 비타민, 미네랄, 아미노산, 폴리페놀, 유기산이 들어 있다.

오래전부터 식초가 상처 치료에 이용되었듯 식초에는 세균 억제 작용이 있다. 특히 식중독을 일으키는 병원성 대장균 O157과 살모넬라균, 리스테리아균의 증식을 억제하는 것이 확인되었다. 또한 식초는 고혈압 치료에도 도움이 된다. 일본에서 150명을 대상으로 한 무작위대조군설정 임상시험에서는 식초를 하루에 30ml 섭취하고 3개월 뒤 수축기 혈압이 4mmHg 감소한 것을 확인했다. 수축기 혈압이 2mmHg만 감소해도 뇌졸중 발생 위험이 16% 감소하고, 심장병 발생 위험이 6% 감소한다. 또한 같은 실험에서 하루에 식초 30ml를 섭취하고 3개월 뒤 총콜레스테롤이 12mg/dL, 저밀도지단백콜레스테롤이 4.3mg/dL, 중성지방이 18mg/dL 감소한 것으로 밝혀졌다.

식초는 소화효소를 공급해서 소화기능을 향상시키고, 저위산증에 도움을 주며, 장기능을 좋게 한다. 뿐만 아니라 고혈압, 고지혈증, 당뇨병, 비만에 도움을 주기 때문에 만성질환에도 좋다. 4~5배의 물에 희석시켜서 꾸준히 매일 30ml 정도 마신다. 특히 위산과다가 있는 사람은 공복에 마시면 안 된다. 위궤양이 있는 사람은 위궤양을 치료한 뒤 마시도록 한다.

식초음료

감식초 30ml, 물 150ml

① 물에 감식초를 넣고 잘 섞는다.

② 식사 중이나 식후에 마신다.

참고자료

1 〈우리 주변에서 만나는 건장 꽃 식물 재배와 이용〉, 김영아, 푸른행복, 2010

2 〈한국인 무병장수 밥상의 비밀〉, KBS 생로병사의 비밀 제작팀, 비타북스, 2011

3 〈하버드 메디컬 스쿨이 차려주는 웰빙푸드〉, 월터C.윌렛, 동아일보사, 2004

4 〈몸살림먹을거리〉, 임선경, 씽크스마트, 2009

5 〈자연이 만든 음식 재료의 비밀〉, 정이안, 21세기북스, 2011

6 〈슈퍼이팅〉, 이안마, 예문당, 2012

7 〈친환경 음식백과〉, 최재숙, 담소, 2011

8 〈암을 이기는 한국인의 음식 54가지〉, 박건영 외, 연합뉴스, 2013

9 〈채식보감〉, 김길우, 책읽는수요일, 2014

10 삼성서울병원 임상영양팀 자료

11 농촌진흥청 2018년 1월 식재료 소개 자료

◆ 모든 영양 분석은 한국영양학회의 CAN Pro 4.0 을 이용하였음.

먹는 단식 FMD

초판 1쇄 발행 2019년 8월 12일
초판 6쇄 발행 2023년 9월 5일

지은이 정양수
편집인 김도은

사진 한정수(Studio ETC)
진행 김민영
스타일링 Studio Millie(이아연 이하영)
디자인 김마리
마케팅 정민호 서지화 한민아 이민경 안남영 김수현 왕지경 황승현 김혜원 김하연
홍보 함유지 함근아 김희숙 고보미 박민재 김희숙 정승민 배진성
저작권 박지영 형소진 최은진 서연주 오서영
제작 강신은 김동욱 이순호
제작처 영신사

펴낸곳 (주)문학동네
펴낸이 김소영
출판등록 1993년 10월 22일 제2003-000045호
임프린트 테이스트북스 taste BOOKS

주소 10881 경기도 파주시 회동길 210
문의전화 031)955-3579(마케팅), 031)955-2690(편집)
팩스 031)955-8855
전자우편 editor@munhak.com

ISBN 978-89-546-5726-6 13590

www.munhak.com